论证是一门学问

A RULEBOOK FOR ARGUMENTS

［美］安东尼·韦斯顿 著　姜昊骞 译

天地出版社　TIANDI PRESS

图书在版编目（CIP）数据

论证是一门学问/（美）安东尼·韦斯顿著；姜昊骞译著. — 成都：天地出版社，2019.5（2019年重印）
ISBN 978-7-5455-3671-3

Ⅰ.①论… Ⅱ.①安… ②姜… Ⅲ.①证明 Ⅳ.①B812.4

中国版本图书馆CIP数据核字（2019）第031322号

A Rulebook for Arguments copyright © 2009 by Hackett Publishing Company,Inc., fifth edition Simplified Chinese editon
published by arrangement with the Literary Agency Eulama Lit.Ag.
ALL RIGHTS RESERVED
本书中文简体版权归属于东方巴别塔（北京）文化传媒有限公司

著作权登记号 图字：21-2019-031

论证是一门学问
LUNZHENG SHI YIMEN XUEWEN

出 品 人	杨　政
著　者	［美］安东尼·韦斯顿
译　者	姜昊骞
责任编辑	余守斌　曹志杰
封面设计	今亮后声
内文排版	胡凤翼
责任印制	王学锋

出版发行	天地出版社 （成都市槐树街2号　邮政编码：610014）
网　址	http://www.tiandiph.com http://www.天地出版社.com
电子邮箱	tiandicbs@vip.163.com
经　销	新华文轩出版传媒股份有限公司

印　刷	天津光之彩印刷有限公司
版　次	2019年5月第1版
印　次	2019年10月第2次印刷
开　本	880mm×1230mm 1/32
印　张	5.75
字　数	112千
定　价	36.00元
书　号	ISBN 978-7-5455-3671-3

版权所有◆违者必究
咨询电话：（028）87734639（总编室）
购书热线：（010）67693207（市场部）

本版图书凡印刷、装订错误，可及时向我社营销中心调换

目录 CONTENTS

前　言 / 01
第五版　按语 / 03
导　论 / 05

第一章　简论：若干基本原则
　　规则 1　明确前提和结论 / 003
　　规则 2　理顺思路 / 006
　　规则 3　从可靠的前提出发 / 008
　　规则 4　具体简明 / 010
　　规则 5　立足实据，避免诱导性言论 / 011
　　规则 6　用语前后一致 / 013

第二章　举例论证
　　规则 7　孤例不立 / 019
　　规则 8　例子要有代表性 / 021
　　规则 9　背景率可能很关键 / 024
　　规则 10　慎重对待统计数字 / 026
　　规则 11　考虑反例 / 029

01

第三章　类比论证
　　规则 12　类比需要相关且相似 / 035

第四章　诉诸权威的论证
　　规则 13　列出信息来源 / 041
　　规则 14　寻找可靠的消息人士 / 043
　　规则 15　寻找公正的信息来源 / 047
　　规则 16　多方核实信息来源 / 050
　　规则 17　善用网络 / 052

第五章　因果论证
　　规则 18　因果论证始于关联 / 057
　　规则 19　一种关联可能有多种解释 / 059
　　规则 20　寻求最有可能的解释 / 061
　　规则 21　情况有时很复杂 / 064

第六章　演绎论证
　　规则 22　肯定前件式 / 069
　　规则 23　否定后件式 / 071
　　规则 24　假言三段论 / 073
　　规则 25　选言三段论 / 075
　　规则 26　二难推理 / 077
　　规则 27　归谬法 / 079
　　规则 28　多步演绎论证 / 081

第七章　详论
　　规则 29　研究话题 / 089
　　规则 30　将观点整理为论证 / 091
　　规则 31　对基本前提进行专门的论证 / 094
　　规则 32　考虑反对意见 / 097
　　规则 33　考虑其他解决方法 / 099

第八章　议论文
　　规则 34　开门见山 / 105
　　规则 35　提出明确的主张或建议 / 106
　　规则 36　论证要遵循提纲 / 108
　　规则 37　详述并驳斥反对意见 / 111
　　规则 38　搜集和利用反馈信息 / 113
　　规则 39　要谦虚一些 / 115

第九章　口头论证
　　规则 40　打动你的听众 / 119
　　规则 41　全程在场 / 121
　　规则 42　设置节点 / 123
　　规则 43　精简视觉辅助工具 / 125
　　规则 44　结尾要出彩 / 127

第十章　公共辩论
　　规则 45　堂堂正正 / 131
　　规则 46　虚心倾听，反为己用 / 133

规则 47　拿出正面观点 / 136
规则 48　由共识起步 / 139
规则 49　要有起码的风度 / 142
规则 50　给对方留下思考的时间 / 145

附录一　常见论证谬误 / 149

附录二　定义 / 160

前　言

本书简要地介绍了论证之道，只专注于基本要点。我发现，学生和作家常常需要这样一本列有实用提示和具体规则的册子，而不是冗长的介绍和说明。因此，本书围绕具体规则进行编写，举例与注解力图精当，尤重简洁。这不是一本教科书，而是一本规则手册。

我还发现，教师往往也希望能给学生这样一本手册，以便学生查阅和自行理解，节约课堂时间。这再次说明了篇幅简短的重要性——重点在于，帮助学生切实提高论证能力。但规则必须辅之以具体明确的指示，使教师可以直接让学生去查看规则6或规则16，而不是每次都需要从头到尾解释一遍。简洁明快，但自成一体——这正是我编写此书所遵循的路线。

这本规则手册同样适用于批判性思维课程。这种课程当然需要大量例子和习题，而市面上也有很多满篇都是例子和习题的教科书了。然而，它们仍然不无缺陷——需要补进去的正是这本规则手册所提供的，将有效的论证结合在一起的简单规则。我们不希望学生在学习了批判性思维的课程后，仅仅知道如何驳倒（或者只能做到"驳斥"）某种谬误。批判性思维完全可以具有更大的建设性意义。本书尝试为此提出建议。

第五版　按语

时至今日,《论证是一门学问》依然应用广泛,下至高中,上至法学院。校外使用者也不少。世界也依然在变化。为此,本书第五版做出了若干相应调整。最大的变化是新增了最后一章《公共辩论》,少部分是原有规则挪过来的,但大部分是新增的规则。当今的公共辩论实在堪忧,造成这种现象的原因虽然有很多,但是普及公共辩论中的礼仪和道德应该会有所帮助。规则只有六条,但可能会带来重大改变!

此外,我还与时俱进,打开思路,更新了若干例子。爱因斯坦——再见,碧昂丝请进。第五版比之前要更加鲜活、紧凑、幽默。部分规则起了更上口的名字。我们需要更好的论证内容,也需要更好的论证方式,刻不容缓。因此,读者可能还会觉得第五版显得有些急迫。

本书还有一本配套读物,即我与大卫·摩洛合著的《〈论证是一门学问＞实操版》（*A Work Book for Arguments*）。《＜论证是一门学问＞实操版》不仅包含本书的全部内容，还加入了详细的解读、丰富的示例和练习题（部分题目自带答案），欢迎广大师生选购。在此，我要对摩洛教授表示衷心的感谢。正是因为他，我才意识到《＜论证是一门学问＞实操版》的需求和价值；之后他也承担了大量与本书相关的工作，如今已有两版（分别出版于 2013 和 2016 年，均由哈克特出版公司发行）。本书新版也蕴含着大卫的洞见和具体建议。

　　本书前版中的若干示例和主题已经转移到《＜论证是一门学问＞实操版》中，以便更充分地加以阐释；最显著的一条就是大卫·休谟对常见上帝存在证明的疑难。从很多方面来看，《＜论证是一门学问＞实操版》是本书的自然延伸，即便你或许并不需要它，我们还是希望各位能了解一下。

　　到目前为止，为本书各版贡献了想法、建议、疑难的同事、学生、家人、朋友可谓数不胜数。现在，我要特别感谢哈克特出版公司总裁黛博拉·威尔克斯及其优秀的同事。正是因为他们的大力支持和温柔鼓励，《论证是一门学问》及《＜论证是一门学问＞实操版》才得以顺利付梓出版。在此感谢你们！

安东尼·韦斯顿
2017 年 7 月

导　论

论证的意义何在

很多人认为，论证不过是花样翻新地陈述自己的偏见罢了。这解释了为什么很多人认为论证让人生厌，毫无意义。在一部词典中，"论证"（argument）的一条释义是"争论"（disputation）。于是，我们有时说两人"have an argument"，意思其实是"**这两个人争论了一番**"。这种用法太常见了。但真正的论证不是这样的。

在本书中，"进行论证"意味着拿出一组理由或证据来支持一个结论。论证不仅仅是表达观点，也不仅仅是争论。论证是用理由去**支持**某些观点的过程。在这个意义上，论证绝非毫无意义；事实上，它意义非常。

论证意义非常，首先因为它是确定哪些观点较为优越的一种方式。并非所有观点都有相同的说服力。有些结论有很好的理由来支撑，有些结论的理由就差得多。但我们往往分不清楚。我们需要对不同的结论给出论证，然后评估论证，看看它们的说服力究竟有多强。

在此处，论证是**探究问题**的一种方法。例如，一些哲学家和激进主义者认为，工厂化养殖肉畜给动物带来了巨大的痛苦，因此是不合理、不道德的。他们说得对吗？如果只是看现有的观点，我们未必能作出判断。这涉及很多问题——我们需要对论证进行探究。例如，我们是否需要对其他物种承担道德义务，抑或是说，只有人类的痛苦才是真正的痛苦？人类如果不食肉，生活会变得怎样？有些素食主义者寿登耄耋。这是否表明素食更健康？或者，当你想到很多非素食主义者也非常长寿时，这种论证是否就不再有效了？（你还可以追问，是否素食主义者中长寿者的**比例**更高）或许，实际情况是，健康的人更有可能成为素食主义者，而不是素食主义者更容易身体健康？所有这些问题都需要仔细考虑，事先谁也不清楚答案是什么。

论证意义非常还有另一个原因。一旦得出有充分合理依据的结论，我们会用论证来阐明、辩护。成功的论证不只是重复结论。它会提出理由和证据，使其他人接受这个结论。例如，如果你确信，我们的确应该改变当下饲养、利用动物的方式，那么你必须通过论证来阐明结论的得出过程。你说服其他人的办法就是：把说服**你自**

己的理由和证据拿出来。持有与众不同的观点并不是错误。错误在于，除此之外你什么都没有。

论证是练出来的

通常而言，我们是通过**下结论**学会"论证"的。也就是说，我们一般会先提出结论——愿望或观点——而不是提出一整套说法予以支撑。有时这是行得通的，至少在我们非常年幼的时候。更好的做法是什么呢？

与之相反，真正的论证需要长时间的实践积累。列举理由，得出与实际证据相符的结论，考察反对意见，等等——这些都是后天习得的技能。我们不得不长大成人，必须把愿望和观点暂且放下，开始真正去**思考**。

学校可能有帮助，也可能没有。课程要灌输的事实和技能越来越多，很少鼓励学生提出需要自己论证才能解答的问题。的确，美国宪法规定实行选举人团制度——这是事实——但时至今日，它仍然是一个好主意吗？（就此而论，它过去是个好主意吗？无论如何，它存在的理由究竟是什么？）的确，很多科学家认为，宇宙中其他地方有生命存在，但是为什么？论据何在？各种答案都能找到理由。最理想的结果是，你不仅了解到了其中的一些理由，还学会了如何衡量其优劣——以及如何独立寻找更多的理由。

　　大多数时候，这同样需要长时间的实践积累。本书会帮你实现！此外，论证自有其吸引人之处。我们的头脑会变得更加灵活机敏，跳出条条框框。我们会逐渐意识到，独立的批判性思维能够带来多么大的改变。从日常家庭生活到政治、科学、哲学，甚至宗教，各种论证不断地出现在我们面前，供我们思考，我们也可以提出自己的论证。论证能够让你进入这些当下的、新鲜的对话当中。还有什么比**这**更好的事情吗？

本书框架

　　本书从最简单的论证出发，继而讨论较详细的论证，最后论述其在议论文与口头陈述中的应用。

　　第一章至第六章讨论如何构建和评估**简论**（short arguments）。简论只是简单地提出理由和证据，通常只有几句话或一个段落。从简论开始有以下几个原因。第一，它们很常见，已经融入日常对话。第二，较长的论证通常是对简论的详细说明，或者是将一系列简论连在一起。如果你先学会了做出和评估简论，之后就可以加以扩展，用于文字或口头形式的详论。

　　从简论开始的第三个原因是，它们不仅是常见论证形式的极佳例证，也显明了论证中的典型谬误。在较长的论证中，挑出论证的要点可能更加困难，发现主要谬误亦然。因此，尽管有些规则在首次提出时似乎显而易见，不值得专门谈，但要记住，这些简单例子会让你受益匪浅。还有另外一些规则，即便在简论中也很难理解。

第七章会教你做详论，先写提纲，然后逐步充实；详论同时，你需要考虑反对意见和其他可能性。第八章深入议论文写作。然后，第九章补充了针对口头陈述的规则，第十章讨论公共辩论的问题。再强调一遍，以上三章都以前六章为基础，因为详论本质上是对前六章讨论的简论进行组合与丰富。但即便你使用这本书的主要目的就是为了帮助自己写议论文或做口头陈述，也不要直接跳到后面几章。这本书非常短，一口气从头读到尾也不费力；如果你这样做的话，读到后面几章时就已经熟练掌握了必要的工具。教师可以在学期初让学生阅读前六章，到了写议论文或做口头陈述的时候，再指导他们阅读后面四章。

本书结尾有两个附录。附录一列举了各种谬误：这些使人产生误解的论证是如此迷惑人、如此常见，它们甚至有自己的名字。附录二提供了构建和评估定义的三个规则。在需要使用它们的时候就请使用吧！

第一章
简论：若干基本原则
Short Arguments : Some General Rules

论证首先要做的是列举理由，并将它们清晰、合理地组织起来。第一章给出了构建简论的通则，第二章至第六章讨论简论的若干具体类别。

规则 1　明确前提和结论

论证的第一步是问你自己，你想证明什么，你的结论是什么？记住，结论是需要你为之给出理由的陈述；而给出这些理由的陈述，就是**前提**。

比如，你想要说服朋友（也可以是子女或父母）多吃豆子。乍看上去，这个主张颇为琐屑，意义不大。但是，先拿它举例子是很合适的——而且，吃饭毕竟很重要啊！现在，你要怎么论证自己的观点呢？

结论已经有了：我们应该多吃豆子。这是你的信念。但为什么呢？你的**理由**是什么？为清楚起见，你可能**要先自己说一遍**，然后看它们是不是**好的**理由。如果你希望别人赞同你的观点，或者改变他们的食谱，拿出好理由自然是必要的。

好了，你的理由**是**什么呢？一个主要前提很可能是"豆子有益健康"：与大部分人现在吃的东西相比，豆子含有更高的膳食纤维和蛋白质，脂肪和胆固醇含量则更低。因此，适量增加豆子在膳食中的比例有利于延长寿命、保持活力。你不能假定家人、朋友之前已经听过这个理由，或者已经赞同这个理由——最起码，提醒一下总没坏处。

为了提起大家的兴趣，再加一个主要前提也是有益的。在人们的刻板印象中，豆子往往代表着单调乏味。于是，你不妨提出，豆子能做出很多美味佳肴。比如，你最喜欢的豆子菜肴可能是辣味黑豆馅玉米饼和鹰嘴豆泥。现在，你有了一个结论清晰、理由充分的论证。

笑话也可以是论证，虽然理由可能看上去很可笑。

> 在地球上生活可能很艰难，但是你每年都能免费绕太阳一圈呢。

提到苦中作乐的理由，你一般想出"免费绕太阳一圈"这一条。这则笑话的笑点正在于此。但是，它也确实是一条理由：试图证明生活并不总是像看上去那样糟糕。它很搞笑，它也是**论证**。

规则 1 叫作"**明确**前提和结论"。这里的"明确"有两个相互关联的含义。一个是"**明**"。理由和结论是不同的，必须要明白地分开。免费绕太阳一圈，忍受生活的苦难，两者是截然有异的。前者逻辑上是在先的，它是前提；而后者或许是从前者推出来的东西，它是结论。

弄清楚谁是前提,谁是结论之后,你还要保证一个"**确**"字。换句话说,你要确定自己认可前提和结论。确定了才能继续,否则赶快换掉!以其昏昏,如何使人昭昭?

本书为你提供了多种可供套用的论证格式。你可以用它们来构建前提。例如,证明某个概括性结论的合理性时,可查阅第二章。这一章会告诉你,你需要给出一系列例子作为前提;还会论述需要寻找什么样的例子。第六章解释了演绎论证,如果你的结论需要进行这种论证,那么在第六章中列出的规则将告诉你需要什么样的前提。你或许要多试几次,然后才找到恰切的论证。

规则 2　理顺思路

论证是从理由、证据导向结论的一种**运动过程**。但是，与任何运动过程一样，论证既可能干净利落，也可能拖泥带水。你的目标是使论证清晰高效——甚至优雅，如果你能做到的话。

还是拿豆子为例。你现在要把论证写下来，该如何着手呢？我举一个范例：

> 我们应该多吃豆子。一个理由是豆子有益健康，与大部分人现在吃的东西相比，豆子含有更高的膳食纤维和蛋白质，脂肪和胆固醇含量则更低。同时，豆子可以做出很多美味佳肴，比如辣味黑豆馅玉米饼和鹰嘴豆泥。

这段话是环环相扣，步步推进的。第一句是声明结论，然后依次阐述两个前提。先是提出一条主要前提，并给出简要理由说明为何豆子有益健康。接着是另一条主要前提和相应的例子。论证有多

规则 2 理顺思路

种展开方式。比如,两条前提可以调换顺序,结论可以放到最后才说。但不管怎么排列,都要一丝不乱。

理顺思路并不容易,尤其是更细节、更复杂的论证。做到一丝不乱是很难的,颠三倒四倒是常事,下面就是一个例子:

> 想一想辣味黑豆馅玉米饼和鹰嘴豆泥。与大部分人现在吃的东西相比,豆子含有更高的膳食纤维和蛋白质,脂肪和胆固醇含量则更低。豆子可以做出很多美味佳肴。我们应该多吃豆子。豆子有益健康。

前提和结论都一样,但顺序变了,而且也省去了能帮助读者搞清谁是前提、谁是结论的标志语和转折词(比如"一个理由是……")。于是,整个论证就乱成了一团。用来支持主要前提的例子——比如美味的豆子菜肴——散布于多处,而不是紧贴着它要支持的前提。你得读两遍才能知道结论是什么。不要指望读者们对你会很有耐心。

你应该对论证多做几次调整,直至找到最自然的排列顺序。本书讨论的规则应该会有所帮助。你不仅可以利用这些规则弄明白你需要哪种前提,还可以用它们找到这些前提的最佳排列顺序。

规则 3　从可靠的前提出发

无论你从前提到结论的论证过程多么精彩，如果前提站不住脚，结论也同样站不住脚。

> 今天世界上没有人真正幸福。因此，似乎人类并非为幸福而存在。我们为何要期盼不可寻得之物呢？

这个论证的前提是，"今天世界上没有人真正幸福"。有时候，在某个下雨的午后，或者在某种情绪之下，这几乎是正确的。但问问你自己，这个前提是否真的合理。今天世界上**没有人**真正感到幸福吗？从来没有？至少，这个前提需要认真论证一番，而且它很可能是错误的。因此，这个论证无法证明人类并非为幸福而存在，也不能证明你我不应该期盼幸福。

有时从可靠的前提出发并不难。你可能有现成的、人人皆知的例子，或者显然为大家所认同的、可靠的信息来源。其他时候就困

规则3 从可靠的前提出发

难一些。如果你不确定一个前提是否可靠,你或许需要做一些调查,并且/或者对这个前提本身进行论证(**更多可参考规则31**)。如果你发现,前提得到的论证并**不充分**,那么你显然就需要试试其他的前提!

规则 4　具体简明

避免抽象、模糊、笼统的措辞。"我们顶着太阳走了几个小时"比"那是一段长时间的体力消耗"要好一百倍。一定要简明。空话连篇只能让读者感到一头雾水,失去耐心。

　　错误:
　　有规律地比大部分同胞更早就寝,并更早起床,有利于强健体魄,维持良好的财务状况,获得易于得到他人尊重的思维判断能力。

　　正确:
　　早睡早起使人健康、富有和聪明。

"错误"版本或许有点夸大其词(是吗?),不过也不是看不懂。本杰明·富兰克林的韵脚和节奏当然很好,但最重要的还是简明扼要。

规则 5　立足实据，避免诱导性言论

给出实际的理由，不能只有诱导性言论。

错误：

美国把曾经引以为豪的旅客列车湮没在历史的暗角，这是多么不光彩！为了荣誉，必须恢复旅客列车！

这段论证的意图是恢复（更多的）旅客铁路服务。但它没有为这个结论提供丝毫的证据，只是一些感情色彩强烈的辞藻——陈词滥调，就像开启了复读机模式的政客。旅客列车是因为"美国"做了或没有做某些事而被历史"湮没"的吗？这有何"不光彩"之处？毕竟很多我们"曾经引以为豪"的事物已经过时了——我们没有责任将它们全部恢复。说美国"为了荣誉，必须"这么做是什么意思？是否有人做了什么承诺，然后又违背了这些承诺？是谁做的承诺？

关于恢复旅客铁路服务的问题，可说的有很多，尤其是现在这样的时代，公路建设的环境和经济成本正变得越来越高。问题是，这段论证没有说这些。它试图用辞藻的感召力解决一切问题，结果却是什么问题也没解决。原地踏步。当然，有时候诱导性的言辞也能打动读者，甚至在不应该打动的时候——但请记住，在这里，我们需要的是实际的、具体的证据。

同样，不要为了让自己的论证显得更好一些，而去用感情色彩强烈的词语形容对立的观点。通常，人们支持某种观点都是认真的、发自内心的。试着分析他们的观点——尝试理解他们的**理据**——即便你完全不同意。例如，对一项新技术持怀疑态度的人很可能并不赞同"回到山洞里生活"。（那么他们**赞同**什么？或许你需要问一下）同样，一个信奉进化论的人也并没有宣称她的祖父母是猴子。（同理：**她相信什么？**）一般说来，如果你无法想象为何有人会坚信你所驳斥的那种观点，那么你很可能还没有理解它。

规则 6　用语前后一致

简论通常只有一个主题或一条线索，各步论述的都是同一件事情。因此，要清楚地表达这个观点，用词要精挑细选，各步之间应该保持一致。

《英文写作指南》是一本经典写作教材，作者是 E.B. 怀特和小威廉·斯特伦克。书中以耶稣著名的"三种有福之人"为例说明了排比这种修辞。

> *虚心的人有福了，因为天国是他们的。*
> *哀恸的人有福了，因为他们必得安慰。*
> *温柔的人有福了，因为他们必承受地土。*

这三句话的格式是"X 的人有福了，因为 Y"。每一句的结构和用词都是完全相同的，而没有哪一句改写成"另外，因为 Y 的原因，X 将获得福报"之类的样式。

论证是一门学问

你的论证也应该如此。

> 错误：
> 学习照料宠物的过程，就是学习照料一个依附于你的生物的过程。当小猫小狗需要你的时候，认真观察和回应，发现需求并相应调整行为的技能对照料子女也有好处。因此，学会认真饲养家畜也能够提高你的家庭抚养技能。

看不懂？每句话都挺清楚的，但句与句之间缺乏联系，让人感觉陷入了丛林——丛林固然不错，但太密的话，可就不好走路了。（别忘了，论证是一种**运动**过程！）

> 正确：
> 学习照料宠物的过程，就是学习照料一个依附于你的生物的过程；而学习照料一个依附于你的生物的过程，就是学习如何成为好父母的过程。因此，学习照料宠物的过程，就是学习如何成为好父母的过程。

"正确"版本或许文采稍逊，但却清楚明白地将思想表达出来，这是值得的。诀窍其实很简单："错误"版本中的关键术语不统一，比如前提里面还在讲"学习照料宠物",到了结论里就是"认真饲养家畜"了;而"正确"版本在关键术语上严格保持了统一。

如果你想要有文采 —— 当然,文采有时是必要的 —— 那也不要追求花哨,而要尽量紧凑。

简洁版:

学习照料宠物的过程,就是学习照料一个依附于你的生物的过程,因此也是学习如何成为好父母的过程。

第二章
举例论证
Arguments by Example

有<u>些</u>论证通过一个或多个例子进行概括。

古时,女性结婚非常早。莎士比亚的《罗密欧与朱丽叶》中的朱丽叶甚至还不满十四岁。在中世纪,十三岁是犹太女性通常的结婚年龄。在罗马帝国时期,**很多**罗马女性在十三岁或者更早就结婚了。

这个论证用三个例子——朱丽叶、中世纪的犹太女性、罗马帝国时期的罗马女性——概括**"很多"**,或者大多数古代女性。为了清晰展示该论证的形式,我们可以把这些前提分别列出来,把结论放在"底行":

莎士比亚戏剧中的朱丽叶甚至还不满十四岁。

中世纪的犹太女性通常在十三岁结婚。

罗马帝国时期，很多罗马女性在十三岁或者更早就结婚了。

因此，古代女性结婚非常早。

当我们需要考察简论的实际效力时，将其改写为这种形式是很有用的。

在何种情况下，这种前提才能充分支持概括性结论呢？

当然，一个要求是准确。别忘了规则3：从可靠的前提出发！如果朱丽叶**不是**十四岁左右，或者，如果大多数罗马或犹太女性**不是**在十三岁或更早结婚，那么该论证的说服力就会大打折扣。如果所有这些前提都得不到证明，那它就根本算不上一个论证了。为了验证论证中的例子，或者寻找好的例子，你可能需要做些调查。

假设这些例子**是**准确的，即便如此，做概括时也需要谨慎。在评估举例论证时，你可以凭借本章列出的规则逐一检验。

规则 7　孤例不立

我们有时会出于**说明**的目的，而只举一个例子。朱丽叶的例子或许能为早婚做一说明。但要想做概括性的论断，孤例几乎毫无**帮助**。朱丽叶也许只是个例外。一位亿万富翁不幸福，并不能证明有钱人普遍不幸福。我们需要不止一个例子。

错误：

太阳能应用广泛。

因此，可再生能源应用广泛。

太阳能是**一种**可再生能源，但也只是一种而已。其他的种类呢？

正确：

太阳能应用广泛。

水力发电应用广泛。

> 风力发电曾经应用广泛，目前应用正越来越广泛。
>
> 因此，可再生能源应用广泛。

这个"正确"的版本可能依然不完善（规则 11 会回到这个例子），但它显然远比"错误"版本说得通。

在对少数事物进行概括时，最有说服力的论证应该考虑到所有，或者至少大多数个体。例如，在对你的兄弟姐妹进行概括时，应该把他们一个一个地全部考虑进去；对太阳系所有行星也应如此。

对大量事物进行概括时则需要提取**样本**。我们当然无法列举出历史上所有早婚的女性。然而，我们在论证时必须用某些女性作为其余女性的样本。需要的样本量部分取决于样本的代表性，下一条规则将谈到这个问题。此外，它还取决于被概括事物的规模大小。通常，规模越大，需要的例子就越多。证明与你同一座城市的人都很了不起，要比证明你的朋友都很了不起需要更多的证据。有的时候，两三个例子就足以证明你的朋友都很了不起；当然，这要看你有多少个朋友。但是，除非你所在的城市小得可怜，否则，你需要拿出很多例子才能证明跟你同一座城市的人都很了不起。

规则 8　例子要有代表性

即便有大量的例子,可能还是无法恰当地代表被概括的事物。比如,虫子都咬人吗?当然,我们能想到很多咬人的虫子,比如蚊子和黑蝇。我们一上来就会想到它们。毕竟我们都被它们叮过!要想记起有多少种**不**咬人的虫子,我们可能要去看生物教材或者优质的网上资料才行。其实,大部分虫子——蛾子、螳螂、瓢虫(**大部分甲虫**)等——都是不咬人的。

同理,大量列举古罗马女性对证明所有女性有何种特征就没有什么意义,因为古罗马女性不一定能代表其他女性。这个论证还需要考虑不同时期、不同地域的女性。

我们很容易忽视一点:我们通过个人经验获得的"样本"往往是**缺乏**代表性,甚至完全没有代表性的。实际上,真正掌握代表性人群样本的人可谓凤毛麟角。然而,我们总是在概括其他人的整体特征,大谈所谓"人性",甚至对本市的下一届选举结果也是一样。

> 错误:
>
> 我的邻居们都支持办学债券。因此,办学债券一定会通过的。

这个论证说服力不强,因为一个居民区很难代表全体选民。某个富人区支持的候选人可能受其他区所有人厌恶;在大学城学生选区赢得多数票的候选人通常在其他地方表现不佳。此外,即便是街坊邻居,我们也很少能找到有关其整体偏好的最佳证据。那些急于把自身政治偏好公之于众的人很可能无法代表整个居民区的意见。

对"办学债券一定会通过的"的**好**论证需要能够代表全体选民的样本。创建这样一个样本并不容易。实际上,我们往往需要专家帮助,而且专家对选举结果也往往预测错误。过去,电话民意调查通常是通过固定电话,因为当时手机号还没有对公众开放。但是,现在只有个别人群还使用固定电话,而且他们的代表性正在降低。

一般说来,你在概括某一群体时应寻找一个最准确的截面数据。如果你想知道学生对大学课程设置的看法,你在概括时就不能仅靠熟人,或者自己课上学生的意见。除非你认识各种各样的人,上各种各样的课程,否则,你的个人"样本"就不大可能准确地反映整个学生群体。同样,如果你想知道其他国家的人怎样看待美国,你就不能只问外国游客——因为他们是主动选择来这里的。仔细研究各类境外媒体会使你的调查结果更具代表性。

当取样对象是人类时,我们还要注意一点,这一点更基本:取样对象不能自行选择是否接受调查。于是,大部分网站调查和邮件调查就被排除了,因为人们可以自己决定是否回复。另外,愿意或急于表达观点的人群并不能很好地代表总体,而只能代表有强烈立场或大把时间的那一部分人。这一部分人的想法当然也值得了解,但他们可能只能代表自己,未必能代表别人。

规则 9　背景率可能很关键

为了让你相信我是一流的射手，只让你看到我射中了一次靶心是不够的。你应该（当然，要礼貌些）问："不错，但你有多少次**没**射中呢？"一箭命中靶心，与射一千支箭才命中一次有天壤之别，尽管两种情况下，我都亲手射中了一次靶心。你需要更多的数据。

> 里昂的星运走势告诉他，他将遇见一位活泼的新朋友。你瞧！他真的遇见了！所以说，星运走势是可信的。

这个例子可能有点夸张，但问题在于，我们看到的只是星运走势某一次应验的例子。为了对这个证据进行恰当的评估，我们还需要知道其他信息：有多少星运走势**没有**应验。当我在课堂上进行调查时，二三十个学生中一般能有一两个"里昂"，剩下的 19 个或 29 个人的星运走势一点都不准。不过，二三十次才对了一次，这很难称得上是可信的预测——只是偶尔运气好罢了。尽管这种预测有时非

规则 9　背景率可能很关键

常成功，像我的箭术一样，但成功的**概率**或许还是微乎其微。

因此，要评估使用生动例子的论证是否可信，我们需要知道，比如，"命中"数与"射击"数的比例，这又是代表性的问题。除了所举的例子没有其他的例子吗？这种概率是高还是低？

这条规则的应用范围很广。今天有许多人害怕犯罪，或者经常看鲨鱼吃人、恐怖分子等暴力事件的故事。当然了，这些事情都很可怕，但是它们发生在任何一个人身上的**概率**——比如被鲨鱼吃掉的概率——都是非常低的。

毫无疑问，我们总是会关注例外情况，因为电视新闻里面总是报道这类事件。这并不意味着例外情况就有代表性。对了，你希望发生的情况也未必有代表性，比如中彩票大奖。每个人中彩票大奖的机会——也就是中奖**率**——低到可以忽略不计，但是我们往往对几十万没中奖的人视而不见，却只看那一个或几个中了大奖的人。于是，我们大大高估了背景概率，想象着自己会成为下一个幸运儿。省点钱吧，朋友们。背景概率才是最重要的！

规则10　慎重对待统计数字

数字本身什么也证明不了！有些人看到论证中使用了数字——任何数字——然后便断定它是一个好的论证。统计数字似乎能给人一种权威、确切的感觉（你知道吗？88%的医生表示赞同）。然而实际上，像其他任何类型的证据一样，数字也需要批判性地看待。别把你的大脑"关机"！

曾经有一段时期，人们指责个别盛产体育人才的大学剥削学生运动员，说这些学生一旦失去参赛资格就被迫退学。如今，大学生运动员的毕业率提高了。目前，在很多学校中，50%以上的学生运动员都能毕业。

50%是吗？好高啊！但这个乍看很有说服力的数字，实际上并没有那么有用。

首先，尽管很多学校有50%以上的学生运动员顺利毕业，但还有一些学校做不到——因此,当初引起人们关注,剥削学生运动员的学校未必包含在其中。

这个论证确实给出了毕业率。但我们有必要知道,"50%以上"的毕业率与同一批学校的**整体**毕业率相比是高还是低。如果前者过低,那么学生运动员可能仍然受到了剥削。

最重要的是,这个论证并未给出理由来说明,大学生运动员毕业率的确在**上升**,因为它根本没有与之前毕业率进行比较!结论认为,目前的毕业率"提高了",但在不知道之前毕业率的情况下,不可能证明这一点。

在其他情况下,数字证据也可能是不全面的。例如,规则9告诉我们,了解概率可能很关键。相应地,当论证中出现概率或百分比时,相关背景信息通常必须包括例子的**数目**。校园内汽车被盗事件数量可能翻了一番,但如果原来有一辆车被盗,如今有两辆,那也没必要过于担心。

另一个使用统计数字时容易犯的错误是**过于精确**:

> 这所学校每年要浪费412067个纸杯和塑料杯。是时候改用非一次性水杯了!

我完全赞成杜绝浪费,我也确信校园浪费现象非常严重。但没有人知道具体浪费了多少只水杯，也不可能每年数字都一样。这里，精确的表象夸大了证据的权威性。

另外，还要当心容易受人为操纵的数字。民意测验机构非常清楚，提问方式能够影响答案。比如说，时至今日，我们甚至还能看到一些"民意测验"提出诱导性问题（**如果你发现她是个骗子，你会不会改变选择？**），试图使人们改变对一名政治候选人的看法。同样，很多看起来"确凿"的统计数字实际上是以猜测或推测为基础，例如半合法或非法活动的统计数字。由于人们都极不情愿透露或报告吸毒、暗中交易、雇用非法移民等活动，对任何关于此类活动如何泛滥的大胆概括都要谨慎对待。

再举个例子：

> 如果儿童看电视的时间按照现在的速度增长下去，到2025年，他们就没时间睡觉了！

是的，到2040年，他们每天要看36个小时呢。这些案例中的推测在数学上完全成立，但过了某个界限之后，它就没有任何道理可言了。

规则 11　考虑反例

反例是与你的概括相矛盾的例证。蛮刺耳的——或许吧。但事实上，如果你在概括的时候能及时、有效地利用反例，它们就能成为你最好的帮手。例外不能"证明规律"——恰恰相反，它们有可能证明规律是**错**的——但是，例外可以激发，也应该激发我们去**完善**规律。要有目的、有系统地寻找反例。这是帮助你严谨概括、深入研究的最佳方式。

再次思考下面这个论证：

> 太阳能应用广泛。
> 水力发电应用广泛。
> 风力发电曾经应用广泛，目前应用正越来越广泛。
> 因此，可再生能源应用广泛。

当然，这里举出的例子能表明**许多**可再生能源——太阳能、水能、风能——应用广泛。但是，如果你不只是找正面例子，而是开始寻找反例，那或许就会发现这个论证有点以偏概全。

所有可再生能源的应用都很广泛吗？查一查"可再生能源"的定义，你会发现潮汐能、地热能等其他种类。不论如何，这些种类的可再生能源应用并不广泛。比如，它们不是处处都有，而且即使有，开发难度可能也很大。

当你想到了反例时，概括性结论就可能要做调整。比如，假如上面关于可再生能源的论证是你做出的，你或许就可以将结论改为**"许多形式的**可再生能源应用广泛"。你的论证仍然基本有效，同时承认某些部分存在局限和改进的空间。

反例有助于思考的深入，发现你真正想说的内容。比如，你做出上述论证可能是为了说明：常用的非可再生能源有现成可用的替代品。如果这就是你的目标，那么你并不一定要主张**所有**可再生能源都应用广泛，而只要说明**有些**可再生能源应用广泛就够了。你甚至可以主张，我们应当发展现在应用尚不广泛的可再生能源。

另一种可能性是，你真正想说的不是每一种可再生能源都得到了广泛应用，或者有潜力得到广泛应用，而是每一个（或者绝大部分？）地方都至少有某些可再生能源，虽然各地的能源种类会有差异。它与先前的主张差别很大，而且更巧妙，为进一步思考提供了空间。（这个论证会不会也有反例呢？请读者自行思考）

规则 11 考虑反例

除了评估自己的论证,当你评估他人的论证时,你也要思考反例。问一问,**他们**的结论是否需要修改和限定,或者是否需要更加细密地反思一番。规则既适用于别人的论证,也适用于你自己的论证。唯一的区别在于,你有机会亲自纠正自己以偏概全的地方。

第三章
类比论证
Arguments by Analogy

规则7（"孤例不立"）有一种情况例外。与通过堆砌例证来支持概论不同，类比论证可以从一个具体例子推导出另一个，理由是两者在很多方面相似，所以两者在另一个方面同样相似。

瓦莲京娜·捷列什科娃是苏联宇航员，第一位进入太空的女性。她有一句著名的妙语：

> 既然俄国女人能在铁路上干活，她们怎么就不能上太空呢？

捷列什科娃通过女铁路工人的例子想要说明，俄国的女人在体力技术、爱岗爱国方面都不输于男性。因此，女人同样可以成为优秀的宇航员。这个论证展开以后是这样的：

俄国女人已经证明自己是优秀的铁路工人。

当铁路工人与当宇航员是**类似**的（因为两者对体力和技术都有很高的要求）。

因此，女人也能成为优秀的宇航员。

请注意第二个前提里的"类似"。当一个论证强调两种情况相似时，它很可能就是类比论证。

规则 12　类比需要相关且相似

怎么看类比论证好不好呢？

第一个前提是用来打比方的。请牢记规则 3：从真实前提出发。比如，如果俄国女人**没有**证明自己是优秀的铁路工人，那么捷列什科娃的论证就不成立了。

第二个前提要说明的是，第一个论证中的例子与结论中要得出的例子是**相似**的。这个前提的好坏要看两个例子的相似程度。

两者不需要**处处**相似。毕竟，宇航员和铁路工人有着很大的差别。比如，火车不会飞，如果火车真的飞起来，情况可就不太妙了。而宇航员也最好不要挥舞大锤。但是，类比论证只需要在**相关**的方面相似即可。捷列什科娃这里主要谈的似乎是技术能力和耐力、体力。宇航员和铁路工人确实在这两方面的要求都比较高。

那么，捷列什科娃的类比到底在相关的方面是否相似呢？你或许觉得，对现代宇航员而言，对体力的要求，不如对进行科学实验和观测能力的要求那么高，而铁路工人并不需要掌握后一种技能。

然而，在捷列什科娃的时代，体力和耐力的重要性要大得多，还有体形也是：早期的太空舱容积狭小，实际上更适合女性的体形。另一个重要因素是，早期的宇航员在任务结束时需要从太空舱里弹射出来，然后打开降落伞回到地面，而捷列什科娃恰恰是跳伞冠军。这可能才是关键，而且与耐力、体力有关，当然未必与铁路工作相关。

所以，捷列什科娃的类比是部分成立的，尤其是在她那个年代；虽然放到现在的话，说服力要打些折扣。但是，现在也有许多成功的女性宇航员，所以这个类比未必就过时了。

还有一个惊人的例子。

> 昨天，美国奥吉布瓦人首领亚当·诺德韦尔在罗马打了一个非常有趣的比喻。他是从加利福尼亚出发的，当他身着部落服装走下飞机的时候，他代表美国印第安人宣布，像克里斯托弗·哥伦布发现美洲一样，他凭借"发现权"占领意大利。他说："我宣布，今天是意大利发现日。哥伦布有什么权利发现美洲？当地居民已经在那里生活了几千年。既然如此，我现在也有同样的权利来到意大利，并宣布，我发现了你们的国家。"[1]

1　原注：《迈阿密新闻》，1973年9月23日。

诺德韦尔的意思是，至少在一个重要的方面，他自己"发现"意大利与哥伦布"发现"美洲是**类似**的：两人都宣布对一个当地人已经生活了很多个世纪的国家拥有主权。因此，诺德韦尔坚持认为，哥伦布有什么样的"权利"宣称对美洲拥有主权，他就有同样的"权利"宣称对意大利拥有主权。不过，诺德韦尔当然没有任何权利宣称对意大利拥有主权。因此，哥伦布也没有任何权利宣称对美洲拥有主权。

> 诺德韦尔没有任何权利代表另一个民族宣称对意大利拥有主权，更别提什么"发现权"了（因为当地人已经在意大利生活了很多个世纪）。
>
> 哥伦布凭借"发现权"宣称对美洲拥有主权，与诺德韦尔宣称对意大利拥有主权**类似**（美洲土著也在当地生活了很多个世纪）。
>
> 因此，哥伦布没有任何权利代表另一个民族宣称对美洲拥有主权，更别提什么"发现权"了。

诺德韦尔的类比是否成立呢？显然，20世纪的意大利与15世纪的美洲并非完全相似。在20世纪，每个小学生都听说过意大利；而在15世纪，世界上大多数人并不知道美洲。诺德韦尔不是探险家，商业飞机航班也不是"圣马利亚"号。但这些不同之处与诺德韦尔的类比无关。诺德韦尔只是想提醒我们,当一个国家已经有人居住时,宣称对它拥有主权是毫无道理的。不管是否全世界的小学生都知道这片土地,也无论"发现者"是如何抵达的,这些都不重要。更恰当的反应或许应该是尝试建立外交关系。就像如果我们今天刚刚发现意大利这片土地和意大利人民的话,我们所要做的那样。**这才**是诺德韦尔表达的重点,从这个角度看,他的类比论证十分出色(也让人不安)。

第四章
诉诸权威的论证
Arguments from Authority

没有人能通过亲身体验一切有待了解的事情来成为专家。我们自己不曾在古代生活过，因此无法亲自了解当时的女性一般在多大年纪结婚。很少有人具备足够经验来判断什么样的汽车在事故中是最安全的。对于斯里兰卡，或者州议会，甚至是本国普普通通的教室或者街角，我们都无法亲自了解那里真正发生了什么。因此，我们必须依靠其他人——比我们条件更优越的人或者组织、调查结果，或者参考资料——来告知与这个世界有关的、我们需要了解的大量信息。我们会给出这样的论证：

X（相关信息来源）说，Y。
因此，Y是真的。

例如：

奥伯雷·德格雷博士说，人类最多能活1000年。

因此，人类最多能活1000年。

然而，这种论证是有风险的。提供信息的专家可能过于自信，受了误导，或者根本就不可靠。毕竟每个人都有偏见，即便并非出于恶意。为了检验真正权威的信息来源需要达到哪些标准，我们依然必须提出若干规则。

规则13　列出信息来源

当然，有些事实性论断显而易见，或者尽人皆知，以至于它们根本不需要专门去证明。一般来说，我们没有必要去证明美国有五十个州，或者朱丽叶爱罗密欧。然而，美国目前的精确人口数字确实需要征引统计资料。同理，为了阐发瓦莲京娜·捷列什科娃主张将女性送上太空的论证，我们需要找到相关权威资料来表明，俄国确实有能干的女铁路工人。

错误：

我从书中得知，在有些文化里，梳妆打扮基本上是男人的事，与女人无关。

如果你讨论的是我们所熟悉的这种性别角色是否适用于全世界的男女，那么这就是一个相关的例证——显然例子中的男女角色与我们的不同。但是，我们当中很少有人对这种异常情况有亲身了解。

论证是一门学问

为了夯实这一论证,你需要完整地引用资料。

> 正确:
>
> 卡萝尔·贝克威斯在《尼日尔的沃达贝人》(《国家地理杂志》,1983年10月刊)中报告说,在沃达贝部落等西非富拉尼族内部,梳妆打扮基本上是男人的事。

引用的方式不一而足——你或许需要一本引用指南,根据目的选择合适的那一种——但所有方式都包含着同样的基本信息:应足以让其他人很容易自行找到该信息来源。

规则 14　寻找可靠的消息人士

消息人士必须具备发表相关言论的资格。本田汽车的机修工有资格讨论各个型号本田车的优点，接生员和产科医师有资格讨论怀孕和分娩，教师有资格讨论学校的状况，等等。这些消息人士具备资格，因为他们具备相关的背景和知识。要了解全球气候变化的可靠相关信息，你应该去找气候学家，而不是政客。

当消息人士的资质并非显而易见的时候，论证者必须做简短的介绍。奥伯雷·德格雷博士说，人类最多可以活 1000 年。那好，这个奥伯雷·德格雷博士是谁？我们为什么应该相信他？答案是，他是一名老年病医学专家，提出了多种详尽的衰老成因理论（**他认为，衰老并非不可避免**）和若干预防衰老的措施，在《线粒体自由基衰老理论》(*The Mitochondrial Free Radical Theory of Aging*, Cambridge University Press,1999) 等专著中进行了长篇阐述。2000 年，他凭借《线粒体自由基衰老理论》一书获得了剑桥大学颁发的生物学博士学位。**这样**一个人物说人类最多能活 1000 年——乍听起来如同天方夜谭——那就不是外行随便说说而已了。我们应该认真考虑他的看法。

当你解释你的消息人士的资质时,你还可以给论证加入更多的证据。

> 卡萝尔·贝克威斯在《尼日尔的沃达贝人》(《国家地理杂志》,1983年10月刊)中报告说,在沃达贝部落等西非富拉尼族内部,梳妆打扮基本上是男人的事。贝克威斯和另一位人类学家与沃达贝人一同生活了两年,通过观察发现,男子为参加舞蹈要长时间精心打扮,在脸上作画,还要洁牙。(她的文章里有很多照片)沃达贝妇女一边观看舞蹈,一边评头论足,并根据男子相貌选择配偶——在沃达贝男子看来,这是再正常不过的事。一名男子说:"是我们的美貌吸引了女人。"

注意,可靠的消息人士并不一定要符合"权威人士"的传统定义;反过来,传统意义上的"权威人士"也未必可靠。例如,如果你想调查大学,最具权威性的就是学生,而不是校方管理人员或招生办的人,因为只有学生了解真实的校园生活。(你只要确保找到一个有代表性的样本就行了)

规则 14　寻找可靠的消息人士

还要注意，某一领域的权威人士并不一定在他们发表过意见的任何领域都是权威。

碧昂丝是素食主义者。因此，素食是最好的饮食方式。

碧昂丝或许是一名优秀的演艺界人士，但并非饮食专家。（**另外，我们也不清楚她是不是素食主义者**）同理，"博士"只不过是在某个专门领域获得了博士学位而已，并不意味着在任何主题上都有专业资质。

有时我们必须依靠的这些消息人士，他们比我们知道得多，但也有各种各样的局限。例如，战场上或者政治审判中发生了什么，一家企业或者部委内部发生了什么，我们所能获得的最佳信息也是残缺不全的，是经过了记者、国际人权组织、公司监督部门等过滤的。如果你必须依靠这种有潜在缺陷的消息人士，你就应该承认这一点。让你的读者或听众决定，这种不完美的权威是否胜于没有任何权威。

真正可靠的消息人士很少会期望别人马上接受。大多数优秀的信息来源至少会提供一些理由或证据——例证、事实、类比等种类的论证——来帮助解释和支持其结论。例如，贝克威斯提供了她在与沃达贝人一同生活的那些年里拍摄的照片和经历的故事；萨根笔耕不辍地解释什么是太空探索，我们在地球之外可能发现什么。因此对于**某些**言论，我们接受其的唯一原因可能是，它们是权威的（例如，当贝克威斯谈起她的某些经历时，我们必须相信她）；但即使是最优秀的消息来源，我们依然会期望不要只有结论，还要有论证过程。我们此时要找出这些论证过程，并批判地审视它们。

规则 15　寻找公正的信息来源

在争端中，牵涉利益最大的一方往往不是最佳的消息人士。有时，他们甚至可能会说谎。在刑事审判中，被指控方在被证明有罪之前是做无罪推定的，但即便他们自称无罪，我们在没有第三方证人证实之前也很少完全相信。

然而，愿意说出自己所看到的真相有时也是不够的。人们亲眼所见的真相仍可能有失公平。我们倾向于看到自己期待看到的东西。我们会注意、牢记、传递那些支持自身观点的信息，但当我们发现证据于己不利的时候，可能就没这么兴奋了。

因此，我们要寻找**公正的**消息人士：当前问题不牵涉自身利益，并且把准确性视为首要或重要标准的个人或组织，例如大学里的（某些）科学家或者统计资料数据库。要想获得某个重大公共议题的最准确信息，就不能只听信政客和利益集团的**一面**之词；要想获得某种产品的可靠信息，就不能只听信生产商的广告。

错误:

汽车经销商建议我花300美元给汽车涂防锈材料。他应该知道怎么做是对的;我觉得最好照办。

他很可能**确实**知道怎样做是对的,但他也可能并非完全可靠。消费品和服务的最佳信息来源是独立的消费检测机构,这些机构不隶属于任何生产商或供应商,只会对想得到最准确信息的消费者做出答复。做些调查吧!

正确:

《消费者报告》里引用专家的说法,由于制造技术的改进,当代汽车几乎不存在生锈问题。他的建议是,我们不需要购买经销商提供的防锈涂料(《消费者报告》,《留心汽车经销商的伎俩》,2017年2月2日;另见萨米·哈吉-阿萨德的《新车应该上防锈涂料吗?》,2013年3月21日)。

在政治问题上,尤其是分歧主要在于统计数字的情况下,我们应该去看独立的政府部门(如人口普查局)、高校报告或其他独立信息来源。无国界医生(Doctors Without Borders)等组织在人权问题上是相对公正的,因为该组织的主业是行医,而不是搞政治,无意支持或反对任何一国政府。

当然,独立公正与否并不总是容易判断。你应该确定自己的信息来源是**真正**独立的,而不是用听起来独立的名称伪装起来的利益集团。查一查他们的资金来源、其他出版物、历史记录;观察他们发表声明的语气。有些消息来源言论极端化、简单化,或者主要精力用于攻击和贬低其他人,他们的可信度就要打折扣。我们要寻找的消息来源应该是这样的:他提出的论证是建设性的,他会负责任地承认其他各方的论证和证据,并一一回应。最起码,你在引用可能有偏见的信息来源时,要核实涉及的事实性论述。好的论证会列出信息来源(**规则 13**);你要查出来。确保你对证据的引用是正确的,而不是断章取义,并进一步查找可能有用的信息。

规则 16　多方核实信息来源

查阅比对各消息来源，看一看是否有其他同样权威的人士也这样认为。这些专家的观点是截然对立，还是口径一致？如果观点一致，那么采信就比较稳妥；而与其对立的观点最起码是不明智的，不管它对我们有多么强的吸引力。当然，权威观点有时是错误的。但是，**非权威观点往往**是错误的。

另一方面，多方核实有时会表明：专家内部在某个问题上存在意见分歧。在这种情况下，你最好保留自己的判断。如果权威尚且如履薄冰，你就更不要往冰面上跳了。看一看你能否从其他角度进行论证——或者重新考虑结论的合理性。

那么，奥伯雷·德格雷呢？还有长寿千年的希望？好吧，多方核实后发现，人们普遍认为德格雷的书写得不错，他的研究也值得深入，但很少有人被他说服。很多人对他进行了严厉批评。他不代表主流意见。长生不老或许很有吸引力，但你也不要抱太大希望。

在重大议题上，只要你做足功课，很可能会发现**一定的**异议。

更有甚者，有的议题虽然在权威专家中间基本是有共识的，乍看上去却好像有争议。以全球气候变化为例，虽然专家们一度存在不同意见，但现在科学界几乎一致认为气候正在变化，而且人类活动与之相关。诚然，个别媒体和政治选举中还有人嚷嚷，但客观考察过数据资料的气候学家里却几乎没有人持反对观点。另外，虽然有少数针对气候变化共识的合理批评，但几乎所有领域内专家都认为，这些批评并没有改变整体上的判断。虽然有一些批评甚至推动了科学家的认识，然而，这些批评者即使是专家，也是非主流人士（当然，他们很显眼）。

争议背后的推手似乎是意识形态，而非真凭实据或专业判断。你不妨先了解一下表面存在的争议，然后再决定是否要认真对待[1]。

---

1 原注：欲了解当代气候科学发展概况，不妨先阅读 G. 托马斯·法默的简明教材《现代气候变化科学》（*Modern Climate Change*, Springer, 2015），其中包含了若干怀疑气候变化存在的主张。当然了，专家共识可能是错误的。然而，专家共识往往代表了现有最可靠的判断。比如，哪怕是"否认"气候变化的人在得知自己可能患有重病时，也不会反对医生们的一致建议。他们可不敢赌专家们都错了，这可是关乎性命的事，不管他们多想唱反调。但是，面对气候专家的共识，他们怎么竟然会赌上地球的未来呢？更恶劣的是某些政客。他们试图削减气候研究，甚至阻挠科学家与公众或公立机关联系，不让他们沟通如何适应气候变化的情势。此种行径不是建设性的、基于证据的怀疑意见，而（似乎）恰恰是怀疑的反面。负责任的否认观点是需要证据的！

规则 17　善用网络

在互联网上，最卑劣可恶的观点也能打扮出一副合情合理甚至权威专业的样子。最起码，学术出版机构和大部分公立图书馆会查验出版收录书籍等资料的可靠性和语言风格。互联网至今却仍然是"狂野西部"，根本无人查验。你只能靠自己了。

就其本身而言，"互联网"并不是权威来源，而只是传播其他资料罢了。善用者知道如何评估网上信息的质量——他们会运用本书中介绍的各种规则。比如规则 13：信息来源**是**哪里？很多网站在这一条上都说不清楚——红灯亮了。消息人士可靠吗？（*规则 14*）公正吗？（*规则 15*）这些网站是不是在推销某种观点，或者操纵你对某个议题的看法？他们的伎俩包括夹带私货（*规则 5*）、采用缺乏代表性的数据（*规则 8*）、非主流或虚假"专家"意见（*规则 14 和 16*）等。你最起码要多方查验，看看其他与之没有关联的网站怎么说（*规则 16*）。

善用者还会深度挖掘信息，而非停留在一般搜索的层次上。搜

规则 17 善用网络

索引擎是搜不到"一切信息"的——差得远呢。实际上，不管是哪一个主题，最可靠、最详尽的资料往往存放在数据库或其他学术资源中，普通搜索引擎根本触及不到。你可能需要密码才能看，去问问老师或图书管理员吧。

善用者可能也会去查——要小心！——维基百科。反对它的人经常说，"维基百科谁都能上去写"。这是真的。因此，有时维基里面会包含虚假的、诽谤性的信息。此外还有一些更微妙的偏见。尽管如此，维基百科的开放性也是一种优势。每一个词条都会不断得到其他用户的审查修订。许多用户也愿意补充或改进词条。随着时间推移，不少词条都会越来越全面中立。维基的编辑有时会在发生激烈冲突的情况下加以干涉，部分热门词条也会部分禁止编辑功能。但是，从结果来看，维基百科的错误**率**（别忘了规则9！）是很低的，甚至比《大英百科全书》还要低！[1]

善用者当然也明白，直接引用维基百科（其他百科一般也不行）来支持自己的主张是不行的。维基百科的宗旨是整理归纳某一主题的相关知识，然后指引读者去查阅真正的信息来源。善用者还会警惕夹带私货、抹黑反对意见等现象的蛛丝马迹——对**任何**来源都要

---

1 原注：参见吉姆·吉尔斯，《互联网百科横向评测》[*Internet Encyclopedias Go Head to Head*, Nature 438（7070）:900-1；2005年12月]。《自然》（*Nature*）杂志2006年3月刊登了《大英百科全书》的回应和《自然》杂志的再回应。

这样。

  每个引用源都是一群有局限、有偏见的人写出来的，有的坦承存在不足，有的则没有。能够快速修正至少与避免偏见、错误同等重要，而维基百科在这方面无可匹敌。随意增删几分钟内就能改回来。每一处改动都有记录并附带说明（**参见各页面的"查看历史"标签**），有时还会引发热烈讨论（**参见各页面的"讨论"标签**）。还有哪一个引用源有如此强的透明度和自我修正能力？善用互联网的用户们不妨加入改进维基百科的行列！

第五章
因果论证
Arguments about Causes

你知道吗，坐在教室前排的学生往往成绩更好？已婚的人一般要比未婚的人更幸福？与此相对，财富似乎与幸福没有任何联系——因此，人生"最美好的事物是自由"这种说法可能终究是正确的。如果你无论如何还是想拥有财富的话，你或许会对这个结论感兴趣，即抱有"我能行"态度的人往往更富有。所以，调整自己的态度吧，对不对？

现在我们要讨论因果论证，也就是何种原因导致何种结果。这种论证常常至关重要。有利的结果我们想要增加，不利的结果我们要预防，而更通常的情况是，我们想要分清利弊。关于原因的论证自然同样要小心严谨。

规则 18　因果论证始于关联

因果论证的证据通常是两起事件或两类事件之间的一种**关联**——有规律的联系：课程分数高低与坐在教室前后；已婚与否与是否幸福；失业率与犯罪率；等等。因此，这种论证的一般形式：

事件或条件 E_1 与事件或条件 E_2 之间存在**有规律的联系**。
因此，事件或条件 E_1 **导致**事件或条件 E_2。

也就是说，**因为** E_1 以这种方式与 E_2 产生有规律性的联系，我们得出结论，E_1 导致 E_2。例如：

做冥想的人往往心境更平和。
因此，冥想会让你心境平和。

不同趋势之间也可能有关联。例如，我们注意到，电视节目中暴力内容增多与现实世界中暴力行为增多有关联。

> 电视节目中有关暴力行为、麻木不仁和腐化堕落的描述越来越多——而社会也正变得越来越暴力、麻木和堕落。因此,电视正在摧毁我们的道德。

负相关(意思是,一个因素的增加与另一个因素的**减少**有关联)也可能意味着因果关系。例如,有些研究将维生素摄入量的增加与健康状况下降关联起来,这意味着,维生素可能(有时)是有害的。同理,**无关联**可能意味着**不存在**因果关系。例如,我们发现,幸福和财富没有关联,因此得出结论,金钱并不能带来幸福。

探索相关性也是一种科学的研究策略。什么导致了闪电?为什么有些人失眠、天赋异禀或加入共和党?难道没有**某种**方法能预防感冒吗?研究人员在这些自己感兴趣的事件中寻找相关性:也就是说,例如,寻找与闪电、天才、感冒存在有规律联系的其他条件或事件,即如果没有这些条件或事件,闪电、天才、感冒一般就不会发生。这种相关性可能微妙复杂,但尽管如此,我们还是常常能够找到它们——那么,让我们来把握因果论证吧。

规则 19　一种关联可能有多种解释

用关联性论证因果关系常常是很有说服力的。然而，这类论证总是有一种系统性的困难。问题很简单：**任何关联都可能有不止一种解释**。我们单从关联本身常常弄不清楚如何最好地解释潜在的因果关系。

第一，有些关联或许只是巧合。举个例子。2012 年，西雅图海鹰队与丹佛野马队都打入了超级碗联赛；同年，西雅图和丹佛所在的州也都通过了大麻合法化——而这两个事件之间不可能有现实的关联。

第二，即便确实存在联系，仅凭关联本身也无法证明因果**方向**。如果 E_1 与 E_2 有关联，那么或许是 E_1 导致了 E_2——但也可能是 E_2 导致 E_1。例如，尽管（一般说来）抱有"我能行"态度的人更富裕，但这种态度未必就显然导致了财富。实际上，反过来说似乎更有道理：拥有财富会使人产生这种态度。当你已经成功的时候，你就更容易相信成功的可能性。所以说，虽然财富和态度或许有关联，但如果你想变得富有，光是改变态度很可能没多大用处。

同样，心境更平和的人往往更容易做冥想，而非冥想让人心境平和，这是完全有可能的。导致有人认为电视节目"正在摧毁我们的道德"的关联也可能表明，我们的道德正在摧毁电视节目（**也就是说，现实世界中不断增多的暴力行为正导致电视节目中暴力的描述越来越多**）。

第三，相关的双方可能另有原因解释。E_1 或许与 E_2 有关联，但可能 E_1 没有导致 E_2，**或者** E_2 也没有导致 E_1，而是两者之外的某个事件——比如 E_3——同时导致了 E_1 和 E_2。例如，坐在教室前排的学生往往成绩更好，这个事实或许**既不能**说明坐在前排能获得好成绩，**也不能**说明成绩好会让学生坐到前排。更有可能的是，一部分学生有志学业，而这**既**让他们坐在教室前排，**又**使他们获得了好成绩。

最后，起作用的原因可能不止一个，很复杂，而且同时朝着多个不同方向发挥影响。例如，电视中的暴力内容确实反映了社会更加暴力的状况，但在某种程度上也确实推动了暴力状况的恶化。很可能还存在其他潜在的原因，如传统价值观的瓦解、健康休闲方式的缺失等。

规则 20　寻求最有可能的解释

由于一种关联通常可能有多种解释，基于关联的有效论证所面临的挑战就是：如何找到**可能性最大**的那种解释。

首先，把缺失环节补全。也就是说，讲清楚每种潜在解释的合理之处。

错误：

独立电影人的作品往往比大工作室的作品更有创造力。因此，独立性导致他们更有创造性。

关联确实是存在的，但结论却有些突兀了。真正的关联在哪里？

正确：

独立电影人的作品往往比大工作室的作品更有创造

力。独立电影人受工作室控制较少，能够更自由地尝试新事物，适应更差异化的观众，这种看法是合理的。而且，独立电影人的资金投入一般也较少，能够承受实验性作品达不到预期效果的风险。因此，独立性导致他们更有创造力。

试着用这种方法补全缺失环节，不仅要对你偏好的解释，其他解释也要同等对待。比如，维生素摄入过量与健康状况恶化之间的关联。一个可能的解释是，维生素确实导致了健康状况恶化，或者不管出于何种原因，有些维生素（或者过量摄入）对于某些人来说不是好事。然而，另一种可能即使是，健康状况糟糕或正在恶化的人或许正在不断使用维生素，希望身体会好起来。实际上，至少乍看起来，第二种解释同样说得通，甚至还更有道理些。

你需要更多信息才能判定哪种解释最适用于这一关联。具体说来，有没有其他证据证明（某些？）维生素有时可能对人体有害？如果是这样的话，这些害处可能有多大？如果几乎找不到任何直接、具体的证据证明其有害，尤其是用量适当的情况下，那么可能性更大的解释就是，健康恶化导致维生素用量增加，而不是维生素用量增加导致健康恶化。

再举个例子。婚姻和幸福有关联（依然是看平均状况），<u>但这是因为婚姻使你更幸福呢，还是因为幸福感更高的人往往在缔结和维</u>

持婚姻方面更加成功？补全这两个解释的缺失环节，然后加以反思。

显然，婚姻使人相互陪伴、相互支持，这可以解释婚姻如何会使人更加幸福。反过来，也可能是有幸福感的人更善于缔结和维持婚姻。然而，在我看来，第二种解释似乎不大说得通。幸福感可能使你成为更有吸引力的伴侣，但也可能不会——它或许会让你更以自我为中心。此外，我们并不清楚幸福本身能在多大程度上使你成为更加忠诚、更加默契的伴侣。我偏好第一种解释。

注意，可能性最大的解释很少诉诸阴谋论或超自然力量。当然，百慕大三角**可能**的确有鬼神出没，并导致船只和飞机消失。但这种解释远不如另一种简单而自然的解释说得通：百慕大三角是世界上交通最繁忙的海域，当地的热带气候变化无常，有时十分恶劣。此外，人们确实倾向于对鬼怪故事大加渲染，所以，那些被无数人重复过的、耸人听闻的描述并不是最可靠的。

同样，尽管人们紧紧盯住某些重大事件（如肯尼迪遇刺事件、"9·11"事件）中的一些矛盾和古怪之处，以此证明阴谋论的合理性，但与正常的解释相比，无论后者多么不完整，前者通常会留下更多没有说清楚的地方。（例如，**为什么每一种看似成理的阴谋论都采取这种特殊的形式**？）不要假定任何稍显怪异之处的背后都是邪恶力量。解释清楚基本事实已经很难了，而无论是你还是任何人，都没有必要去钻牛角尖，非要把所有细节讲出个道理。

规则 21　情况有时很复杂

很多幸福的人并未结婚，也有很多已婚的人不幸福，但这并不能说明什么。**一般而言**，婚姻对幸福没有任何影响。只不过幸福与否还有其他许多原因罢了（结婚与否亦然），单单一处关联绝非全貌。在这些情况中，问题在于各个原因的**相对重要性**。

如果你（或者其他人）声称 E_1 导致了 E_2，那么它并不一定就是"E_1 通常不导致 E_2"或者"其他某个原因有时也会导致 E_2"的反例。它只是说，E_1 **通常**会导致 E_2，而其他原因导致 E_2 的概率较小，或者说，E_1 是导致 E_2 的**主要原因**之一，尽管导致 E_2 可能有多个原因，主要原因可能也不止一个。有人从不吸烟，但仍得了肺癌；有的人每天吸三包烟，却从未患上肺癌。两种结果都能引起医学界的兴趣和重视，但事实仍然是，吸烟是肺癌的主要诱因。

多个不同的原因可能导致一个整体的结果。例如，尽管全球气候变化的原因多种多样，但其中有些原因是自然引起的——例如太阳亮度的变化——这个事实并不能说明，人类因素因此就没有任何影响。这个因果关系同样是复杂的。很多因素在起作用。(**确实，如果太阳也加剧了全球变暖，人类就更有理由少做让全球变暖的事情了**)

另外，"互为因果"也是可能存在的。独立电影人的独立性或许导致他们富有创造力；但反过来看，有创造力的电影人可能从一开始就会追求独立，从而进一步提高创造力，如此往复。还有的人可能**既**追求独立性，**也**追求创造力，因为他们不喜欢压力大的生活状态，或者有一个不能卖给大工作室的宏伟设想。情况是很复杂的……

第六章
演绎论证
Deductive Arguments

请思考下面这个论证：

如果象棋比赛中没有运气的成分，那么下象棋就是一种纯靠技术取胜的游戏。
象棋比赛中没有运气的成分。
因此，下象棋是一种纯靠技术取胜的游戏。

假设这个论证的前提是正确的。换句话说，**如果**下象棋中没有运气的成分，那么下象棋就**真的**是一种纯靠技术取胜的游戏——假设下象棋中确实没有运气成分的话。你可以据此非常自信地得出结论：下象棋是一种纯靠技术取胜的游戏。你不可能承认前提而否认其结论。

这类论证叫作**演绎论证**。也就是说，（正确）演绎论证的形式是这样的：如果其前提正确，那么结论也必定正确。正确的演绎论证叫作**逻辑有效**的论证（valid argument）。

演绎论证与我们之前探讨过的论证不同。后者即使有多个正确前提，也不能保证结论的正确（**尽管正确的可能性很大**）。在非演绎论证中，结论不可避免地会超出前提本身——例证、权威等论证手段的意义正在于此——而逻辑有效的演绎论证只是把已经包含在前提中的东西揭示出来，虽然我们可能直到最后才清楚结论是什么。

当然，在现实生活中，我们同样无法永远保证前提是正确的，所以，我们对现实生活中演绎论证的结论仍然要保留一点（**有时是很大的**）怀疑态度。尽管如此，如果我们能够找到说服力很强的前提，那么演绎论证的形式是非常有用的；甚至在前提不确定的情况下，演绎论证的形式也能为组织论证提供有效的方法。

规则 22　肯定前件式

用字母 p 和 q 代表两个陈述句,最简单的逻辑有效演绎形式是:

如果(句子 p),那么(句子 q)。

(句子 p)。

那么,(句子 q)。

可简写作:

如果 p,那么 q。

p。

那么,q。

这种形式叫作**肯定前件式**(modus ponens)。我们用 p 代表"下象棋中没有运气的成分",用 q 代表"下象棋是一种纯靠技术取胜的

游戏",那么本章序言中的例子就符合**肯定前件式**(请自行检验)。另一个例子:

> 如果驾车时使用手机更容易发生事故,那么应该禁止驾车时使用手机。
> 驾车时使用手机**的确**更容易发生事故。
> 因此,应该禁止驾车时使用手机。

为了展开这个论证,你必须同时解释和证实它的两个前提,它们需要用到不同于演绎法的论证形式(参见前章)。**肯定前件式**使你从最开始就把各个前提清晰地分别列出。

规则 23　否定后件式

第二种逻辑有效的演绎形式是**否定后件式**（modus tollens）（"否定式"：否定 q，所以否定 p）。

　　如果 p，那么 q。
　　非 q。
　　那么，非 p。

这里，"非q"的意思是q的否定，也就是说，"q不正确"。"非p"同理。

想扮演侦探吗？在《银斑驹》中，歇洛克·福尔摩斯在关键时刻使用了**否定后件式**推理形式。马从一个戒备森严的谷仓里被偷走了。谷仓有一条狗，但狗没有吠叫。现在我们如何理解这种情况。

　　马厩里养着一条狗；然而，尽管有人进入马厩并牵走了一匹马，（这条狗）却没有叫……显然，……来者是这条狗相当熟悉的一个人。[1]

福尔摩斯的论证可以按照**否定后件式**的形式列出来：

如果来者是陌生人，那么狗会叫。
狗没有叫。
那么，来者不是陌生人。

用符号改写的话，你可以用 s 代表"来者是陌生人"，用 b 代表"狗叫"。

如果 s，那么 b。
非 b。
那么，非 s。

"非 b"代表"狗没有叫"，"非 s"代表"来者不是陌生人"。用福尔摩斯的话说，就是"来者是这条狗相当熟悉的一个人"。

---

[1] 原注：柯南·道尔，《银斑驹》(*The Adventure of Silver Blaze*)，收录于《歇洛克·福尔摩斯全集》(*The Complete Sherlock Holmes*, Garden City, NY: Garden City Books, 1930)，第 199 页。

规则 24　假言三段论

第三种逻辑有效的演绎形式是"假言三段论"(hypothetical syllogism)。

　　如果 p，那么 q。
　　如果 q，那么 r。
　　因此，如果 p，那么 r。

以规则 6 中的一段论证为例：

　　学习照料宠物的过程，就是学习照料一个依附于你的生物的过程；而学习照料一个依附于你的生物的过程，就是学习如何成为好父母的过程。因此，学习照料宠物的过程，就是学习如何成为好父母的过程。

现在，我们把它拆开，然后套用到"如果……那么"的格式中：

如果你学习照料宠物，那么就是学习照料一个依附于你的生物。

如果你学习照料一个依附于你的生物，那么就是学习如何成为好父母。

因此，如果你学习照料宠物，那么就是学习如何成为好父母。

用字母来表示就是：

如果 c，那么 a。
如果 a，那么 p。
因此，如果 c，那么 p。

现在，你看到术语措辞统一的重要性了吧！

只要每个前提具备"如果 p，那么 q"的形式，并且每个前提的 q（叫作"后件"）都是下一个前提的 p（"前件"），那么无论有多少个前提，假言三段论在逻辑上都是有效的。

规则 25　选言三段论

第四个逻辑有效的演绎形式是"选言三段论"（disjunctive syllogism）。

要么 p，要么 q。
不是 p。
因此，q。

比如，我们继续扮演侦探：

水果挞要么是朵拉贝拉偷吃的，要么是费奥迪丽姬偷吃的。但朵拉贝拉没有偷吃，推论已经很明显了……

用字母来表示的话，这个论证就是：

> 要么 d，要么 f。
>
> 不是 d。
>
> 因此，f。

这里有一含混处。"或"这个词有两个不同的含义。通常来说，"p 或 q"意味着 p 与 q 中至少有一个是正确的，且两者可能都正确。这就是"或"这个字的"相容"含义。正常情况下，逻辑中都采用此含义。然而，有时我们对"或"这个字也会取"不相容"含义，此时"p 或 q"的意思是，要么 p 正确，要么 q 正确，但两者**不能**同时正确。例如，"他们或经陆路来，或经海路来"意味着他们不会同时从两条路来。在这种情况下，你或许能够推断，如果他们经某条路来，那就不会经另一条路来（*最好要弄清楚！*）。

无论你用的是"或"的哪种含义，选言三段论在逻辑上都是有效的（*请自行检验*）。但是，从"p 或 q"这样的命题中，你**还**能推论出什么其他的结果呢？尤其是，在你知道 p 成立的情况下，你是否能推出"非 q"呢？这就要看前提中的"或"取哪一种含义了（例如，如果只知道朵拉贝拉偷吃了水果挞，我们能确定费奥迪丽姬不是帮凶吗？），小心地推断！

规则 26　二难推理

第五种逻辑有效的演绎形式是"二难推理"（dilemma）。

要么 p，要么 q。

如果 p，那么 r。

如果 q，那么 s。

因此，要么 r，要么 s。

在日常语言中，"二难"是指在两个后果都不令人满意的选项中做出选择。例如，持悲观态度的哲学家叔本华描述了一个所谓的"刺猬困境"，大意为：

两只刺猬距离越近，它们就越有可能刺到对方；但如果相互分开，它们又会感到孤独。人类也是一样：与某人距离太近将不可避免地产生矛盾和愤恨，给我们带来很多痛苦；但另一方面，我们相互分开就会感到孤独。

这个论证概括起来可以这样写：

> 我们要么与他人亲近，要么相互分开。
> 如果我们与他人亲近，我们将忍受矛盾和痛苦。
> 如果我们相互分开，我们将感到孤独。
> 因此，我们要么忍受矛盾和痛苦，要么感到孤独。

用符号表示：

> 要么 c，要么 a。
> 如果 c，那么 s。
> 如果 a，那么 l。
> 因此，要么 s，要么 l。

继续运用二难推理，我们可以得出"无论哪种情况，我们都不幸福"这样更简洁明了的结论。请读者自行用形式语言将其改写吧。

由于这个结论听起来有点扫兴，或许我应该补一句：刺猬实际上完全能够相互亲近，而不刺到对方。它们既能相互接近，又能感到幸福。叔本华的第二个前提原来是错误的——至少对刺猬来说。

规则 27　归谬法

有一种传统的演绎策略值得特别关注，尽管严格来说，它只是**否定后件式**的变体。它就是**归谬法**（reductio ad absurdum）。**归谬法**论证（有时被称为"间接证明"）的原理是，假定原命题不成立，然后从该假定中推导出**谬论**：一个与原命题矛盾的，或者愚蠢的结果。这种论证意味着，除了接受原结论，你别无选择。

欲证：p。

假定原命题不成立：非 p。

论证在这种假定情况下，结论只能是：q。

证明 q 是错误的（矛盾、荒谬、在道德或实践中不可接受……）。

结论：最终看来，p 必定是正确的。

比如，我们来看看下面这个"性感"的短论：

论证是一门学问

> 无人曾在太空做爱。当然,不会有人承认。但是,假设——纯粹为了论证方便——有人**确实**曾在太空做爱。这就意味着,有人曾在太空做爱却没有对任何人说起过。而这实在是难以置信。没有人会把这件事憋在心里的![1]

改写成**归谬法**的格式:

> **欲证**:无人曾在太空做爱。
> **假定原命题不成立**:有人曾在太空做爱。
> **论证在这种假定情况下,结论只能是**,有人曾在太空做爱,却没有对任何人说起过。
> **但是**:那"实在是难以置信"。
> **结论**:无人曾在太空做爱。

论证成立。但是,关键前提是否正确呢?**你**能保守住这个秘密吗?

---

1 原注:由大卫·摩洛改写自迈克·沃尔的《官方声明:无人曾在太空做爱》(*No Sex in Space Yet, Official Says*,2011年4月22日)。

规则 28　多步演绎论证

很多逻辑有效的演绎论证都是规则 22 至规则 27 中介绍的基本形式的组合。例如，下面是福尔摩斯为了开导华生医生而给出的一个简单的演绎论证，同时就观察和演绎推理的关系发表了评论。福尔摩斯漫不经心地说，华生当天上午去过某家邮局，他还在那儿发了一份电报。华生非常惊讶地回答说："对！这两点你都说对了！但我得承认，我不明白你是怎么知道的。"

　　福尔摩斯："非常简单……通过观察，我发现你的鞋面上沾着点红土。在威格莫尔街邮局正对面，他们在修人行道，有些泥土被翻到了地面上，由于位置特殊，你要进入邮局的话很难不踩到这些泥土。据我所知，在这附近只有那个地方的泥土是这种红色的。观察到的就是这些。剩下的就是推理了。"

　　华生："那么，你是怎么推断出我发了电报呢？"

论证是一门学问

福尔摩斯:"什么,我当然知道你没有写信,因为整个上午我就坐在你对面。我还在你书桌打开的抽屉里看到你有一联邮票和一厚叠明信片。既然这样,你去邮局除了发电报还能做什么呢?排除所有其他可能,剩下的就一定是事实了。"[1]

把福尔摩斯的推理按照前提的形式清楚列出:

1. 华生的鞋上沾有一些红土。

2. 如果华生的鞋上沾有一些红土,那么他当天上午去过威格莫尔街邮局(因为在那里,也只有在那里的地面上翻出了这种红土,并且你很难不踩到它)。

3. 如果华生当天上午去过威格莫尔街邮局,他要么是去寄信,买邮票或明信片,要么是去发电报。

4. 如果华生是去寄信,那么他当天上午就应该先写出这封信。

5. 华生当天上午没有写任何信。

6. 如果华生是去买邮票或明信片,那么他就不应该

---

[1] 原注:柯南·道尔,《四签名》(*The Sign of Four*),收录于《歇洛克·福尔摩斯全集》,第91—92页。

有满满一抽屉的邮票和明信片。

    7. 华生已经有满满一抽屉的邮票和明信片了。

    8. 因此，华生当天上午是去威格莫尔街邮局发电报。

我们现在需要把这个论证分解为一系列逻辑有效的演绎论证，这些论证要符合规则22至27中提到的简单形式。我们可以从**肯定前件式**开始：

    2. 如果华生的鞋上沾有一些红土，那么他当天上午去过威格莫尔街邮局。

    1. 华生的鞋上沾有一些红土。

    I. 因此，华生当天上午去过威格莫尔街邮局

（我将用I、II等代表简单论证的结论，然后这些结论可以用作前提，推出新的结论）

接下来是另一个**肯定前件式**：

    3. 如果华生当天上午去过威格莫尔街邮局，他要么是去寄信、买邮票或明信片，要么是去发电报。

    I. 华生当天上午去过威格莫尔街邮局。

II. 因此，华生要么是去寄信，买邮票或明信片，要么是去发电报。

现在，这三种可能中有两种都可以通过**否定后件式**被排除：

4. 如果华生去邮局是为了寄信，那么他今天上午就应该先写出这封信。
5. 华生今天上午没有写任何信。
III. 因此，华生去邮局不是为了寄信。

以及

6. 如果华生去邮局是为了买邮票或明信片，那么他就不应该有满满一抽屉的邮票和明信片。
7. 华生已经有满满一抽屉的邮票和明信片了。
IV. 因此，华生去邮局不是为了买邮票或明信片。

最终我们可以将其整合在一起：

II. 华生当天上午去威格莫尔街邮局要么是为了寄信，

买邮票或明信片,要么是为了发电报。

　　III. 华生没有寄信。

　　IV. 华生没有买邮票或明信片。

　　8. 因此,华生当天上午去威格莫尔街邮局是为了发电报。

最后一个推理是一个扩展形式的选言三段论:"排除所有其他可能,剩下的就一定是事实了。"

第七章
详论
Extended Arguments

　　现在假设你选中或者被分到了一个话题或问题，你需要针对它写一篇议论文或做一次口头陈述：可能是课程论文，公开发言，写"读者来信"，或者只是对这个话题感兴趣，想把自己的想法表达出来。

　　为此，你需要在此前探讨过的简论基础上走得更远。你必须理出一条更加具体的思路，清楚地表达出你的主要观点，并且依次对这些观点的前提进行详细的说明和论证。你的每一句话都要有证据和理由，这本身可能就要做一些调查。同时，你还需要仔细考虑对立观点的论证。这都是费力的工作，但也是有益的。实际上，对很多人来说，这是最有价值、最有趣味的一种思考！

规则 29　研究话题

你的出发点是某个话题，而并不一定是某个立场。不要忙于站定某个立场，然后努力用论证来支撑它。同样，即便你有一个立场，也不要匆匆把想到的第一个论证发表出来。你要做的不是告诉别人你首先想到了什么观点，而是**得出**一个考虑周全的观点，并且用强有力的论证来支持它。

其他行星上可能存在生命吗？下面是一些科学家的思路。大部分恒星都有自己的恒星系，而仅在我们的银河系里就有上千亿颗恒星，宇宙的星系数量也有几千亿。即便是这些恒星中只有极少的一部分拥有恒星系，即便是这些恒星系中只有极少的一部分拥有适合生命繁衍的行星，即便**这些**行星中只有极少的一部分真正**有**生命存在，那么一定仍然有很多行星有生命存在。有生命的行星数量可能仍然大到不可想象。[1]

1　原注：欲了解该论证的当代论述，参见宇航员赛思·肖斯塔克的《人类在地球上孤单吗？》（*Are We Alone?*），收录于道格拉斯·瓦克奇和阿尔伯特·哈里森编辑的《地外文明》（*Civilization Beyond Earth*，Berghahn，2013），第 31—42 页。

论证是一门学问

既然如此，为什么还会有人表示怀疑？找找原因吧。有些科学家指出，我们并不知道适宜生物居住的行星到底有多么常见，以及生命在这些行星上繁衍的可能性有多大。这一切都是猜测。其他评论者认为，其他地方的生物（或者说，智慧生物）到现在早就该现身了，但（他们说）这件事并没有发生过。

所有这些论证都值得重视，而且显然要说的还有很多。此时你已经发现，当你研究和推进论证时，你很有可能发现意料之外的事实或观点。要随时做好大吃一惊的准备。做好证据和论证得出的观点让你不舒服的准备，甚至做好被对方说服的准备。真正的思考是一个没有既定结论的过程。全部意义在于，当你开始的时候，你不知道自己在哪里结束。

即便你被分到的不是一个话题，而是有关该话题的一种立场，你仍然需要看一看其他各种观点是如何论证的——哪怕只是为了回应这些观点，更不要说，你在展开、论证自己的观点时还很可能因此省去诸多赘余了。例如，在最具争议性的问题上，你并不需要把每个人都听过无数次的论证再展开一遍。千万别那么做！要去寻找有创见的新视角，甚至可以发掘与对方的共识。简而言之，不要着急，仔细选择你的论证方向，力争取得一些实质性进展，即便（你必须）从"给定的"观点出发。

规则 30　将观点整理为论证

记住，你是在进行**论证**。换言之，你要用证据和理由支持具体的结论。当你开始表述某种观点时，抓住主要思想，整理为论证的形式。拿出一张大幅白纸，逐字逐句地把你的前提和结论写成提纲。

你的第一个目标是，利用本书提供的形式写出简论，比如三五个前提。例如，上文提到的关于其他行星是否有生命存在的论证，其基本结构就可以按照"前提 — 结论"的形式写出来：

太阳系以外还有许多恒星系。

如果除我们之外还存在其他的恒星系，那么也很可能存在像地球一样的行星。

如果存在像地球一样的其他行星，那么很可能其中一些行星上有生命存在。

因此，其他一些行星上很可能有生命存在。

作为练习，你可以利用**肯定前件式**和假言三段论将它改写成演绎论证的形式。

再举一个例子，这个话题之前我们没有讨论过。最近有些人建议大幅增加学生交流项目。他们说，应该为更多的美国年轻人提供出国机会，同时也应该为更多世界其他地方的年轻人提供来美国的机会。当然，这会花掉很多钱，并且各方面都需要做一些调整，但可能会促进世界的和平与协作。

假设你想把这个建议展开并加以论证。首先，还是要草拟出论证的主要内容——基本思想。人们为什么建议扩大学生交流计划，而且如此热情？

> 草稿：
> 走出国门的学生懂得认同不同的国家。
> 不同国家之间增进对彼此的认同是好事。
> 因此，我们应该派更多的学生出国。

这个提纲确实抓住了基本思想，但实际上，它有些**过于**基本了，与一个单纯的论断差不多。例如，为什么不同国家之间增进对彼此的认同是好事？派学生出国是怎样增进这种认同的？即使是一个基本的论证也可以处理得更深入些。

规则 30 将观点整理为论证

改进：

走出国门的学生懂得认同其他国家。

走出国门的学生成为非官方使节，有助于对方国民认同这些学生来自的国家。

双方增进对彼此的认同有助于我们在这个相互依存的世界里更好地共存与合作。

因此，我们应该派更多的学生出国。

在你找到有关某话题的最佳基本论证之前，你可能需要尝试多种不同的结论。这些论证的差别可能很大。即便你已经确定了希望论证的结论，可能还必须尝试各种论证形式，直到找到真正有效的那一种。（**大幅白纸可不是说着玩的！**）同样，还是要使用前几章提到的规则。慢慢来——给自己留出足够的时间。

规则 31　对基本前提进行专门的论证

当你把基本思想按照论证的形式写出来之后，你就需要将其展开并加以论证。对于任何有不同意见的人——实际上，也包括任何刚刚接触这个问题的人——大部分基本前提都需要有论据夯实。这样，每个前提同时也是需要论证的结论。

例如，请重新思考关于其他星球是否有生命存在的那个论证。第一个前提是，在我们的恒星系之外，已经发现了其他的恒星系。你可以通过引用科学文献和新闻报道来证明这一点。

>到 2017 年 2 月 17 日为止，巴黎天文台的"太阳系外行星百科全书"网站列举了人类已知的、属于其他恒星系的 3577 颗行星，其中许多属于多行星系统。
>
>因此，太阳系以外还有许多恒星系。

证明其他行星有生命存在的基本论证的第二个前提是，**如果**我们的恒星系之外存在其他的恒星系，那么其中一些很可能包含与地球相似的行星。那么我们是怎样知道这一点的呢？有什么论据有助于证明这一点？这里，你很可能需要依靠基于事实的知识或研究。如果你关注过同样的新闻报道，你就会拿出一些非常好的理由。这个论证通常采用类比形式：

> 我们自己的恒星系包含各种各样的行星，有气态巨星，也有由岩石和水构成的、适合生命存在的较小的行星。
> 据我们所知，其他恒星系与太阳系**相似**。
> 因此，非常有可能的是，其他恒星系也包含各种各样的行星，包括适合生命存在的行星。

基本论证中的所有前提都应照此处理。同样，你可能要花一些力气为需要辩护的每一个前提寻找合适的证据，而且根据最终获得的证据，你甚至可能改变其中一些前提，因而也有可能改变基本论证本身。就应该是这样！好论证通常是"流动的"，各部分之间相互依赖。这是一个学习的过程。

你需要用同样的方式处理学生交流项目的基本论证。例如，为什么你认为——以及你要如何让他人相信——走出国门的学生懂得认同其他文化？举例子会有所帮助，或许包括你通过研究或咨询专家（那些实际组织学生交流项目的人，或者社会科学学者）得出的调查或研究结果。与之前一样，无论用哪种方式，你都需要把论证补充完整。对第二个基本前提也要这样处理：我们如何得知走出国门的学生真的会成为"非官方使节"？

第三个基本前提（互相认同的价值）或许更显而易见；如果力求简明，这种理由甚至根本不需要展开。（记住一点：**不是基本论证中的每个前提都需要展开和论证**）然而，这也是加强说服力——即你预期的效果——的好机会。你不妨这样说：

> 认同引导我们在其他人的生活方式中看到优点，即便我们尚未看到，这些优点也是可预见的。
>
> 认同也是一种享受的方式：它丰富了我们的亲身体验。
>
> 当我们在其他人的生活方式中找到或预见到优点，并发现它们丰富了我们的亲身体验时，我们就不那么容易对它们做出苛刻的、简单的判断，我们更愿意和他们合作。
>
> 因此，相互认同有助于我们在这个相互依存的世界里更好地共存与合作。

用具体例证把前提依次补充完整，你就会取得良好的整体论证效果。

规则 32　考虑反对意见

进行论证的时候,我们往往只**从有利于**自己的一面去考虑:哪些理由可以拿来支持自己的观点。当反对意见出现时,我们往往感到大吃一惊。我们意识到——或许为时已晚——自己对可能出现的问题思虑不周。最好还是自己提前考虑反对意见,打磨自己的论证吧,甚至可能做一些根本性的调整。这样,你可以清楚地告诉听众,你已经做了充分的准备,你已经研究过这个问题,并且(但愿!)思维相对开阔。因此,你要不断地问:什么样的论证能够最有效地**驳斥**你要得出的结论?

大多数行为都会产生**多方面**而不是单方面的影响。或许其他一些影响——那些你还没有注意到的——并不那么合你的心意。应该定期体检,为了幸福应该结婚,应该派更多的学生出国……甚至显而易见的(至少在我们看来)好主意也可能遭到一些考虑周到、并无恶意的人反对。试着预测他们会有哪些担忧,并切实予以考虑。

例如,学生出国也可能遇到危险,而新留学生的大量涌入可能会危害国家安全。两种情况都可能花掉很多钱。这些是重要的反对意见。但是，我们或许能够做出回应。例如，你可能想说，这些花费是值得的，部分原因在于，不接触其他文化也会有损失。毕竟，我们已经把大量年轻人——军人——派往极其危险的国家。你可以论证，让我们给外国人留下另一种形象或许是非常好的投资。

其他反对意见或许会使你反思自己的建议或论证。例如，考虑到国家安全，我们就必须谨慎对待请哪些人进入的问题。显然，我们需要他们来我们国家——除此之外，我们还能怎样纠正自己在别人眼中的错误印象呢？——但（**你可以论证**）设置一定的限制或许是合理的。

或许你即将提出某个普遍的、哲学性的命题：例如，人类有（**或者没有**）自由意志，战争是（**或者不是**）人类的本性，其他行星上存在（**或者不存在**）生命。此时你也要预测反对意见。如果你在撰写一篇学术论文，你应该在经典著作、二手材料，或者（**高质量的**）网络资源中寻找对你的判断或阐释提出批评的观点。与持不同观点的人对话，对你的担忧和遇到的反对意见进行筛选，挑出最有力、最常见的，尝试做出答复。别忘了重新评估自己的论证。为了把这些反对意见考虑在内，你需要修改前提和结论吗？

规则 33　考虑其他解决方法

如果你要证明你的建议是正确的,仅仅证明它能够解决问题是不够的。你还必须证明,它优于该问题的其他解决方案。

> *达勒姆的游泳池拥挤不堪,尤其是在周末。*
> *因此,达勒姆需要建更多的游泳池。*

这个论证存在多方面的问题。首先,"拥挤不堪"表意模糊:什么时候游泳池中人数过多,由谁来判断?纠正了这个问题,我们仍无法证明其结论的合理性。解决这个(潜在)问题的合理方法可能不止一个。

或许可以延长现有游泳池的开放时间,这样游泳者会分散到更长的时间段里;或许可以让更多人知道哪些时间游泳者较少;或许可以把游泳比赛或者其他不对外开放的活动挪到工作日;或者达勒姆什么都不应该做,而是让来游泳的人自己调整时间安排。如果你仍然主张达勒姆应该建更多的游泳池，你就必须证明，你的建议比其他所有（**成本要低得多的**）解决方法都要好。

考虑其他解决方法并非走形式。这里指的并不是快速地摆出几个谁都看得出来的、很容易驳倒的方法，然后（**大呼惊喜！**）重新接受最初的建议——你要做的可不只这些。寻找需要认真对待的备选方案，开动脑筋。你甚至会有非常新奇的发现。例如，24小时开放游泳池怎么样？或者，在晚间销售思慕雪等饮品，把白天来游泳的人吸引到人少的晚上？

如果你发现了真正有价值的东西，甚至可能需要修改结论。例如，有没有更好的组织对外交流项目的方法？或许我们应该把这样的机会提供给所有人，而不仅仅是学生。**老年人**交流项目怎么样？为什么不是家庭、教堂会众或者工作小组呢？这样，问题就不只是"派学生出国"了……所以，回到白纸上，修改基本论证。这才是真正的思考方式。

即便是普遍的、哲学性的命题也存在其他可能。例如，有人主张，宇宙中除人类外不大可能存在其他文明，因为如果存在的话，他们肯定已经给我们发过信息了。但这个前提正确吗？没有其他可能吗？或许他们**确实**存在，但只是倾听。他们选择沉默的原因可能是没有兴趣，也可能是技术水平不够，虽然在其他方面已经"文明"了；或许他们正尝试与我们交流，但我们无法接收到。这些问题并无实据,仅仅是猜测,但可能性的存在足以削弱反对意见的说服力。

顺便说一下,很多科学家也认为,生命可能存在于与地球截然不同的行星上——生命形式可能完全不同。这也是一种可能性,难以判断,但你可以用它来支持原初的论证,甚至更进一步。要是外星生命比基本论证中所说的还要普遍呢?

第八章
议论文
Argumentative Essays

假设你已经对论题做过了研究,将其整理为基本论证,并为你的前提进行了辩护。你现在已经准备好要公开表达了——比如写一篇议论文。

记住,动笔乃是**最后**一步。如果你刚拿起这本书就直接翻到这一章,那么请思考一下:为什么放在第八章,而不是第一章。正如有游客问怎样才能到都柏林时,爱尔兰的乡下人会用这句谚语来回答:"如果你想到都柏林,就别从这里出发。"

你还应该记住,第一章至第六章讨论的规则不仅适用于简论,同样适用于议论文写作。尤其要复习第一章中的规则:简明具体,立足实据,避免夸大,等等。下面我们再补充一些适用于议论文写作的规则。

规则 34　开门见山

直截了当地进入实际问题。切忌空话、废话连篇。

错误：

几个世纪以来，哲学家们一直在争论获得幸福的最佳途径……

这个我们早就知道了。直接说出**你的**观点。

正确：

本文将证明，人生最美好的事物是不需要金钱的。

规则 35　提出明确的主张或建议

建议要具体。"应该采取措施"就不是一个真正的建议。建议不需要多复杂。"应该禁止司机使用手机"就是个具体的建议，但一点也不复杂。然而，如果你主张美国应该扩大出国留学的项目，这个想法就要复杂些，因此需要做详细阐述。

同样，如果你提出了一个哲学命题，或者要证明对某文或某事的理解是正确的，你首先要做的就是**简单地**陈述自己的命题或理解。

> 其他行星上很可能存在生命。

一目了然！

学术论文的目的可能只是对某个主张或建议的各方论证做出评估。你可能不需要提出主张或建议，甚至用不着做具体判断。例如，你可能只需要评议某场论战中的某一方的论证。若是如此，就明确

规则35 提出明确的主张或建议

说出来。有时，你的结论可能只是：某个观点或建议的正方或反方论证没有结论。没问题，但直截了当地把它作为结论说出来。你的论文千万不能同样没有结论！

规则 36　论证要遵循提纲

现在要处理主体部分了：论证。首先，做一个概括。把提纲中的基本论证提炼出来，用一小段话写下来。

> 我们正在发现大量新的恒星系。我将论证，其中有很多都极可能包含与地球类似的行星。这其中又有很多行星极可能有生命存在。那么，其他行星上很可能有生命存在。

此处的任务只是给出整体概念：让读者从整体上清晰地了解你要论证什么、如何论证。

现在，你应该依次展开基本论证，每个前提都要用一段话来论述，每一段以重申前提开始，继而展开前提，证明前提。

> 到 2017 年 2 月 17 日为止，巴黎天文台的"太阳系外行星百科全书"网站列举了人类已知的、属于其他恒星系

的 3577 颗行星，其中许多属于多行星系统。

你可能会继续讨论几个例子——例如，一些最新的、最有意义的发现。在一篇较长的议论文中，你可能还会引用其他的资料，并且/或者解释发现过程——这取决于可用篇幅，以及读者期望的详尽程度或论证力度。然后用同样的方法来阐明、证实其他的基本前提。

基本论证中的某些前提可能需要非常复杂的论证，论证方法没有区别。首先，重申你要论证的前提，提醒读者其在论证主体中的作用。然后，简述针对该前提的论证（**该前提现在是另一段论证的结论了**）。然后展开，按照顺序，分别用一段的篇幅论证**各个前提**。

例如，在为证明其他行星有生命存在的基本论证中（见规则31），我们对第二个前提进行了展开论证。现在，你可以把它改写成一个段落，文字上可稍做润色。

> 为什么我们会认为其他恒星系可能包含与地球类似的行星呢？天文学家给出了一些很有趣的类比论证。他们指出，太阳系包含各种行星——有气态巨行星，也有由岩石构成、适于液态水存在和生命繁衍的较小的行星。据我们所知，其他恒星系与太阳系是**相似的**。因此，他们总结

> 说，其他恒星系极有可能包含各种各样的行星，包括由岩石构成、适合液态水存在和生命繁衍的行星。

现在你可能需要依次进行解释和证明，甚至需要独立成段。例如，你可以提醒读者，让他们意识到太阳系内行星的多样性，或者描述一下已知系外行星的多样性。

在适当的时候，你可能需要将读者引回到基本论证上，视上述展开内容的长短和复杂程度而定。这相当于摊开一张路线图，提醒读者——和你自己——在通往主要结论的路途中，现在走到了什么位置。

> 如前所述，我们正在发现大量新的恒星系，其中非常可能存在与地球类似的行星。这个论证的最后一个主要前提是，如果存在其他与地球类似的行星，那么其中一些就有可能存在生命。

在提纲中，你可能也需要对其进行论证。收工！

注意，在所有论证中，用语前后一致都很重要（规则 6）。这些明显互相关联的前提会将全文紧密联结在一起。

规则 37　详述并驳斥反对意见

规则 32 要求你考虑可能出现的反对意见，并据此思考和修改你的论证。在议论文中，详述并驳斥反对意见会使你的观点更有说服力，并证明你对这个问题做了深入思考。

错误：

有人可能反驳说，扩大学生交流项目将给学生造成太多的危险。但我认为……

那么，是什么样的危险呢？为什么会出现这样的危险？解释一下反对意见背后的**理由**。花些篇幅描述反对意见的大体论证过程，不要忙于论证**自己的**观点，而将反对者的结论一带而过。

正确：

有人可能反驳说，扩大学生交流项目将给学生造成太

> 多的危险。我认为，这种担忧部分是因为留学生大部分是年轻人，不谙世事，可能更容易被利用或受到伤害，尤其是在生活更为艰难，保护措施更少的地方。
>
> 当今时代，人们越来越害怕和不信任外国人，恐怖主义日益令人忧虑，所以这种担忧可能更加让人紧张不安：学生的生命可能面临危险。我们当然不希望交换生成为激烈的地方势力争斗的牺牲品。我们已经知道，国外的西方游客有时会成为恐怖分子的目标；我们有理由担心，同样的事情可能会发生在交换生身上。
>
> 这些忧虑是严肃认真的。尽管如此，我们也可以找到同样严肃认真的应对措施……

现在，反对意见既已显明，你就可以加以驳斥了。例如，你可以指出，危险并非源于国界。很多国家比美国的一些城市更安全。一种更复杂的论证思路是，至少对整个社会来说，**不派出更多文化使者出国同样存在危险**，因为由于国家间的误解以及仇恨的加深，世界上所有人都在面临着越来越大的风险。而且，人们总能开动脑筋，设计交流项目，以便减少风险。然而，如果你没有详细解释反对意见背后的论证，甚至都懒得去了解，那么你就算提及，读者也很可能无法理解。详细解释反对意见最终会丰富**你的**论证。

规则38　搜集和利用反馈信息

你或许完全清楚自己是什么意思，一切都再明白不过了。然而，在其他人看来可能一点都不明白！有些内容在你看来是有意义的，而读者却可能觉得毫无意义。我的学生曾经交给我一些他们认为非常有说服力、非常清晰的论文，但拿到批改好的文章后，他们发现连自己都不知道当初是怎么想的了。他们的成绩一般也不高。

作者——不管水平如何——都需要**反馈信息**。只有通过其他人的眼睛，你才最有可能发现，哪些地方不够清楚，或者过于草率，或者根本没有道理。反馈信息还能改进你的逻辑。反对意见可能会让你感到意外。有些前提你觉得可靠，其实需要论证；有些看起来不太牢靠，其实却很不错。你甚至可以发现一些新的事实或者例证。反馈信息是"现实的检验"——何乐而不为。

有些老师会专门安排课时让学生就论文草稿互相提供反馈。如果你的老师没有这样做，你也要自己安排：寻找有相同意愿的同学，然后交换草稿。加入校园里的"论文写作协作小组"（是的，你的校

因肯定有一个 —— **只是你还不知道**)。鼓励读者提出批评意见,反过来,你也要保证给他们提意见。如果需要,你甚至可以指定读者提出一定数量的具体批评和建议,这样他们就不会担心伤害你的感情了。如果他们只是随便看一看,然后跟你说写得太好了,不管实际内容如何,这或许是礼貌的做法,但对你**没什么**帮助。你的老师和最终的读者不会这么轻易放过你。

我们之所以不重视反馈信息,一个原因可能是我们往往看不到发挥作用的过程。我们读到的都是成品 —— 议论文、书籍、杂志,此时我们很容易忽视这样一个事实,即写作本质上是一个**过程**。事实是,你阅读的每一段文字在定稿之前都有一个从无到有、历经无数次修订的过程。这本书是第五版,之前至少改了二十遍稿子,搜集了上百人的正式和非正式反馈信息。发展、批判、阐释、改变是关键,反馈是促使进步的动力。

规则 39　要谦虚一些

下结论时要据实以告。

错误：

总之，各种理由都支持派更多学生出国，没有一种反对意见站得住脚。我们还在等什么？

正确：

总之，我们有令人信服的理由派更多学生出国。尽管不确定性可能依然存在，但总体看来前景光明。值得一试。

第二种表述有过谦之嫌，但意思就是这个意思。你很难让所有反对者哑口无言。我们不是专家。大多数人都可能犯错误，专家也是一样。"值得一试"是最好的态度。

第九章
口头论证
Oral Arguments

有时候你需要当众进行论证：在课堂上辩论；在市议会上要求政府提高教育预算，或者代表所在街区发声；在一群好奇的人面前谈一谈自己的爱好或专长。有时你的听众很友好；有时他们没有立场，但愿意听你说话；而有的时候，他们是需要说服争取的对象。无论什么时候，你都希望表达得有道理、有文采。

之前各章中的所有规则都适用于议论文和口头论证。下面再补充一些专门用于口头论证的规则。

规则 40　打动你的听众

在做口头论证时,你可以说是在请求别人给你一次**发言机会**。你希望别人听你演讲:希望他们在听你演讲时抱着尊重,或者至少是开放的心态。但听众可能会这样做,也可能不会,甚至可能对你的话题兴趣寥寥。你需要打动他们,创造想获得的发言机会。

一种方法是用热情来打动听众。在刚开始的时候,你可以把自己带入,谈谈个人的兴趣和激情所在。这会使你的演讲个性鲜明,活跃现场气氛。

> 今天有机会向大家演讲,我感到很荣幸。在演讲当中,我希望就学生交流项目这个话题提出一种新观点。我为此感到很激动、很振奋,我希望演讲结束时,你们也会有同样的感受。

注意,这种语言风格体现出你尊重听众,愿意与对方交流;反过来，你也希望听众这样对你。尽管如此，他们可能并不会做出积极回应——但如果你不首先向他们表达尊重、开放的心态，他们就肯定不会。当面论证可以达到很好的效果，熟而生巧之后，即便双方存在重大分歧，你依然可以说服他人、赢得尊重。

绝不能让听众感觉你高人一等。在这个话题上，他们可能没有你知道得多，但他们可以学习，而且你很可能也有需要学习的地方。你的任务不是把他们从无知中拯救出来，而是和他们分享新的信息或观点，并希望他们能像你一样认为这些内容很有趣，很有启发。要用**热情**，而不是优越感，来打动听众。

请尊重听众，尊重你自己。你站在那里，是因为你有些东西要分享，而他们坐在那里，要么是因为他们想听听，要么是因为这是工作或学习的要求。你不需要为占用他们的时间而道歉。你只需要感谢他们的聆听，还有不要浪费时间。

规则 41　全程在场

当众发言或演讲是与人面对面交流的过程，不是念稿那么简单。毕竟，如果人们只需要文字内容，阅读的效率要高得多。他们来到现场是因为你**在场**。

所以，要在场！对于初学者来说，首先要注视听众。与他们进行目光交流。看着他们的眼睛，抓住他们的目光。如果有人对当众发言感到紧张，我们有时会建议他到台下去，对着一个人讲，就像两人对话一样。如果需要的话，你可以这么做，但不要止步于此：要逐个与其他听众对话。

演讲时要面带表情。不要像交差一样念准备好的讲稿。记住，你是在和人**谈话**！设想你正在和朋友畅谈（好吧，可能只有我在讲……）。现在，用同样的兴致与听众谈话。

作者很少能够见到读者。然而，在当众演讲时，听众就在面前，你可以不断从他们那里得到反馈信息。好好利用这一点。人们是兴致盎然地盯着你的眼睛吗？整体来看，听众的反响如何？人们是否为了听得更清楚而把身体前倾？如果不是，你能调动起他们的积极性吗？即使你是在做展示，中途也可以调整风格，或者在必要时停下来，解释或回顾某个要点。当你对听众的反应没有把握时，要未雨绸缪，以便及时调整。多准备点故事或例子，以防万一。

顺便说一句，没有人把你固定在讲台后面（*如果有讲台的话*），你可以走动，或者至少从讲台后面走出来。你可以和观众打成一片，活跃现场气氛，不过这取决于你自己的感觉和现场情况。

规则 42　设置节点

读者有权挑选阅读的内容。他们可以停下来认真思考，或者翻回去重读，或者彻底放弃，去读其他内容。这些事你的听众一件也做不到。他们的节奏由你来设定。

所以你要考虑周详。整体而言，口头论证需要比书面论证提供更多"节点"，重申的次数也要更多。开始的时候，你可能需要更充分地概括论证，之后有章法地重申要点，也就是规则 36 中所说的"路线图"。对于要点概括，你可以在前面加上"下面是我的基本论点"这样的标志。至于前提，随着论证的展开，你可以这样说，"下面是第二（第三、第四，等等）个基本前提……"。结尾要再次总结。用停顿代表重要转折，同时给人们时间思考。

我在大学辩论队中学到的一个方法是，一字不差——对，一字不差——地重复重要论点，主要是方便听众记录。走上讲台后，我有时仍会这样做：这表明你知道大家在认真听，他们可能希望，也需要把要点标示出来。在其他情境下，这种做法可能会有些奇怪。

即使不是一字不差,至少也要做好标示,让人们清楚地知道你在做什么,以及这样做的原因。

在重要转折的部分,尤其要注意听众。环视全场,确保大部分听众已经做好准备接受新内容了。你需要加强交流,让听众知道,你很在意他们对你的话有没有兴趣,是否消化了。

规则 43　精简视觉辅助工具

某些视觉辅助工具是有用的。你的论证可能非常复杂，写下来有助于听众理解。这种情况下，你可以分发纸质大纲。如果论证包含多个部分，幻灯片可以在过渡时呈现出来，这是很好的标明节点方式。又或者，你的论证需要某些需要多张幻灯片呈现的数据或其他信息。短视频也许能起到阐明要点、引入外部观点的作用。

但是，视觉辅助工具不能喧宾夺主，不要念幻灯片：听众自己能看，看得比你好，看得比你快。另外，许多视觉辅助工具还附带铃声或哨声，很是令人分神；PowerPoint 现在来看已经是很无聊了，承认吧。批评者还指出，将思想硬塞到幻灯片的格式里面容易导致过度简化。幻灯片文字一般非常简略，而图表能显示的信息量也颇为有限。展示过程中的技术故障更是令人分神，有时更是搞得一地鸡毛。

精简精简，既要简，就是要少用；也要精，就是要恰当。要记住：你的**论证**才是关键。要根据论证来精简视觉辅助工具。你还应该考虑一个问题：有没有其他方式能更好地呈现论证内容、吸引听众注意？在谈论某些话题时，你不妨要求听众举手表决，或者提前设计好听众参与方案。你可以从书和文章中获得一些话题。如有必要可以插入短视频、图片或数据图表，但继续讲的时候要把展示屏关掉。

不妨考虑用纸质讲义来呈现信息。讲义可以容纳更多内容——复杂的语句和图片，数据图表、引用来源、链接——而且，听众可以自行选择在展示之前或之后阅览。讲义可以提前发，可以用到的时候再发，也可以讲完了才发。你还应该鼓励听众带走。

规则 44　结尾要出彩

首先，结尾要及时。掐好时间，不要超时。你自己也当过听众，知道严重超时会引起多大的不满。

其次，不要草草收场。人走茶就凉，你也不想这样吧？

错误：

好了，我就讲这么多。如果你对这些想法感兴趣，留下来聊一聊吧。

结尾要隆重。要有文采，有看点，不妨精心修饰。

正确：

在演讲中，我试图证明，真正的幸福终究会降临，降临到每个人的身上。无须天生好运，亦无须万贯家财。是的，实现幸福并不难，我们每个人都能做到。感谢你们的聆听，朋友们，祝你们找到属于自己的幸福！

第十章
公共辩论
Public Debates

公共辩论，既可能是当面交谈，若干对同一主题感兴趣但观点不同的人在交换意见；也可能规模较大，涉及人数较多，不同观点的数量也较多，比如在课堂讨论或社区大会上。既可以是公共论坛、电视上有时会看到的那种政治辩论；也可能通过社论、演讲稿等长篇书面的形式展开，就像本书第八章中讨论的那样，节奏要和缓一些。

如今，大多数人可能都会慨叹世风日下：公共讨论多尖刻而少理性，多破坏而少建设，政治议题尤甚。我不知道这里面有多少真实，可能不过是戴着有色眼镜看待过去而已。然而，如说公共辩论提升空间还很大，那肯定是没错。接下来，我就要介绍几条相关规则。

规则45　堂堂正正

在公共辩论中，你要尽可能把最好的一面展现出来，这是所有类型的辩论共通的地方。当下的公共辩论并不容易：事关重大，共识难寻，动辄唇枪舌剑。你也可以反过来想：这正是论证能够大展身手的时刻。你之所以学习和锤炼本书中的规则，不就是为了这个时刻吗？所以，用起来吧！寻找最恰当的证据；不要过分延伸；谨慎利用统计数字；运用关系紧密、有启发性的类比；只采用最优质的信息来源；介绍反对意见并加以回击……

你们要做的不只是"发声"。公共辩论不是民意调查，也不是意气之争，这是贯穿本书的论点。理想情况下，公共辩论应当是**集思广益**。你要为此做好准备。加入一场你能为之做出贡献的辩论。加入时就要有值得讨论的内容。要有真凭实据、真知灼见，表达时要公正妥当。

当然了，你还要有激情。许多论证的缘起都是激情，然后加以完善、夯实，危急时刻就更是这样。要注意的只有一点：激情本身并不构成论证。就其本身而言，某人对某个主张有着强烈的感情，这并不代表我们应该相信他。有理不在声高——实际上，你可能反而会怀疑，疾言厉色的背后会不会是证据欠缺。好的论证能够**证成**激情！

规则 46　虚心倾听，反为己用

辩论是一种**交换**。它是与观点不同，但（理想状态下）同样以完善观点为目标的人发生的往来关系。它既不是你单纯发表立场的机会，也不是其他人单纯发表他们观点的机会。你们都要**倾听**彼此。

错误：

我想不到有什么事情比不吃肉更蠢了。人们从来都是吃肉的。另外，我们的牙齿不是为咀嚼豆子设计的！

虽然有些论证就是这样的，但这种开场方式恰恰是错误的。很多人都认为不应该吃肉。一个人如果确实想不到比素食更蠢的立场，那他大概是根本没有理解素食（真的吗？你一点都想不出比它更蠢的念头？）。抛出几条单薄的理由，掩盖你连对方论证都没有考察就全盘否定的事实，这同样是不明智的（牙齿决定论？）。

在"回归"自己的看法之前，不妨开放一些。你需要理解的不只是其他人的结论，更包括前提和理由——听一听他们的**论证**。因此，你不能消极被动地等着对方宣明立场，而要积极主动地探究他们的理由，明白他们为何觉得这些理由有说服力。

> 正确：
> 有些人认为，我们不应该吃肉。我不是很懂。人类自古以来就吃肉，怎么能够说不吃就不吃呢？还有我们的消化系统，难道不是部分为肉食而设计的吗？

"错误"的表述是宣言式的，是全盘否定。除了引发争辩，别无他用。而"正确"的表述是用了若干问题的形式。你并未被说服，但明确表达了理解其他论证的意愿，为自己的反思也留下了余地。你或许还能帮对方论证做出些许贡献呢。最起码，你自己很可能会有收获。而且无论如何，你都为自己的发言打下了更好的基础。

你的发言——没错。辩论不会止于这段小插曲。

假如你积极地听取了对方论述并认真进行了提问，那么对方就并无不快。你就为理解对方的论证下了功夫。你现在可以要求对方同样认真、耐心、积极地倾听你要说的话。这就是**反为己用**。

> 感谢你花时间跟我探究了你的观点。我知道自己提出

了很多问题——谈话过程中不乏很有意思的回答。我会进一步思考的。现在，我要向你解释我的论证了。我说的时候，你也可以问我问题。做好准备了吗？

有的辩论者会感到惊讶乃至震撼，之前都是他在大谈特谈。公共辩论（或者其他任何地方）中得到倾听总是令人高兴的稀罕事。他们甚至可能觉得，你跟他们认真讨论了他们的观点，所以你可能已经赞同他们了（你当然可以改换阵营，但也不一定要如此）。

现在，他们突然意识到还有后续。轮到**他们**来倾听了，而且要像你示范中那样保持开放的心态。对许多辩论者来说，这可能是一次全新的体验。但是，既然你之前积极认真地听过**他们**讲话，那他们也不好反对。好好听吧。

规则 47　拿出正面观点

公共辩论陷入僵局的一大原因是，参与者不知道该如何继续推进。过分关注负面因素是部分原因，也就是只看对方错在哪里。好论证会给人们**肯定**性的内容——有吸引力的正面观点。

那么，加入辩论前，你就要谋划好推动方向。你不能单纯批评对方的观点，而要提出自己的备选观点或立场。你要做出回应，指向行动，点明希望，而非只是抗拒、回避、哀叹。你要提出实实在在的、有希望与可能性的观点——至少要是积极正面的。

> 错误：
> 本市在节约用水方面太差劲！水库存量只够一个月，可用水量还是只能减少25%。而且，大家怎么还是不懂少洗车、勤关水龙头的道理……

或许情况确实如此……但是，如果片面强调问题的严峻性，人们可能就会感觉束手无策。为什么不能换一种给人干劲的表达方式呢?

正确:

本市有能力,也有必要推进节约用水工作。我们目前已经将用水量减少了 25%,但水库存量仍然只够一个月。因此,人们确实应该减少洗车次数,避免龙头长流水……

两段话包含的事实内容完全相同,甚至词句都差不多,但整体感觉完全不一样。

我们不是要盲目乐观。有问题就不能视而不见。但是,如果只谈问题,那现实中也就只会愁云惨淡了。我们会制造出更多的问题,会把全部精力和注意力都投入到负面情绪上,哪怕我们想要抵抗这种状态。

马丁·路德·金的著名演讲《我有一个梦想》之所以有力量,部分原因就在于,它毕竟还是在谈**梦想**:共同的、公正的未来愿景。"我有一个梦想,昔日奴隶的儿子将能够与昔日奴隶主的儿子坐在一起,共叙兄弟情谊……"试想一下,如果他只谈**噩梦**,那会如何:"我有一个**噩梦**,昔日奴隶的儿子永远**不会**与昔日奴隶主的儿子坐在一起,共叙兄弟情谊……"在某种意义上,这两句话表达的意思完全相同 —— 但是,如果他当初是这样来讲的,这篇演讲还会继续鼓舞今天的我们吗？

所有论证——不只是公共辩论——都应该拿出积极正面的内容。我还要再强调一次，公共辩论往往事关紧急，火气特别大，这也是我把这条规则放到本章的原因。在群体中，乐观向上的氛围能够感染人，本身就有一股劲头；阴郁泄气的话同理。你想选哪一种？

规则 48　由共识起步

公共辩论往往通过各自极端立场的形式呈现。然而，在现实中，哪怕辩论双方差距再大，只要想得更周全一些，他们就总能找到"折中"的观点。比如，很少有人会赞同完全禁枪，或者停止石油开采。同理，支持完全放开枪支持有和石油开采的人也很少。哪怕是在堕胎这种壁垒分明、永无止休的议题上，大部分偏向自由选择的人都会接受对堕胎施加某些限制，往往还会支持这样做；而大部分偏向保全生命的人也愿意在**某些**情况下同意施行堕胎。

你必须**寻求**这种共识。如果你只是想要简明坚决的立场，那么你自然会发现，而且很可能**只会**发现这种立场。其他一切都会退居幕后，包括极端立场中的细微曲折，也包括各种折中观点。为了让自己的观点获得倾听，中间派可能也不得不走向极端。

当你把目光转向折中观点和重叠领域时，差异固然在现实中存在，但看上去似乎就可以把握了，甚至会有潜在的好处。

论证是一门学问

> 就气候变化成因而言,我们仍然在观点上存在差异。然而,不管人为原因还是自然原因占主导,我们都需要发展智能建筑和灾害预案。海平面正在上升,我们难道不应该抛下成因上的争执,共同面对新挑战吗?

哪怕观点的差异确实很大,与要求对方一百八十度转弯相比,寻求折中立场往往是更务实的选择。你大可以整天为动物权利声辩,但无论立场如何,大多数人很可能都会觉得少吃一点肉比较好。在堕胎问题上,自由选择与保全生命两派之间有着大量共识,有时甚至会携起手来,比如应该从源头上避免让孕妇产生堕胎的想法。当然,差异仍然会存在。它们是重要的,值得讨论的。但是,我们不一定要只看差异,或者把精力全投入到它们身上。携手共进也是一种智慧。

不仅如此,现实中的立场往往是复杂的,**有趣的** —— 哪怕是我们未必认同的观点。支持持枪者担心禁枪后公民无力抵抗暴政,这是合理的;而反对持枪者则关心枪支泛滥带来的安全问题,同样有其合理性。与此同时,现实中的证据往往会让情况复杂起来。许多国家枪支管制严格却并无暴政,加拿大即是一例。同时,美国人均枪支持有量几乎冠绝全球,比大多数战乱国家都要高,但枪击死亡**率**并不高,虽然绝对数字依然触目惊心。通过认真考虑这些事实,

规则 48 由共识起步

围绕禁枪与否的辩论可能就会打开新境界。

在某些情况下，只有坚持不懈乃至激进的反对才可能带来改变。那就去争取吧。但是，你也要警惕。不要以为**每一场**辩论都是战斗，也不要觉得每一个论证都是打破荒谬无知的攻城锤。不管**他们**怎样对待**你**——起初怎样对待你——都要摆出合作的姿态，好像双方站在同一边，需要解决一个共同面对的问题。坚持下去，直到对方明白为止，看看之后会发生什么。

这种做法同样适用于正式的公共辩论——比如面对着台下的听众。陈述观点时不要摆出两军对垒的架势，甚至要避免制造两种观点的对立，而是要围绕一个议题**探究**各方论点。而且，不要局限于两个论点！

规则 49　要有起码的风度

在辩论中，不要嘲笑或攻击其他人。这种错误甚至有一个专门的名字：人身攻击（ad hominem，详见附录一）。你不一定要喜欢辩论中的其他人，更别提赞同了。你甚至可能觉得有些人不值得认真对待——对方可能也有同感。但是，你仍然可以表现出礼貌。他们也一样。在某种程度上，风度就是**为**这种场合准备的。

专注于论证本身。公平持正地阐述对方立场。不要夹带私货，遵守第 5 条规则"立足**实据**，避免夸大"。要明确一点：你知道对方的前提值得深思，哪怕你最后完全反对他们的结论或前提。

> 错误：
> 对方论证与千百年来的反自由观念一脉相承，最早可以追溯到柏拉图为精英独裁提出的自私辩护。他竟然敢把这种臭名昭著的宣传词拿到今日的公众论坛上来，真是应该为自己感到羞耻……

规则 49　要有起码的风度

正确：

对方论证继承了悠久的保守主义政治思想传统，最早可以追溯到雅典哲学家柏拉图对民主表达出的不信任。柏拉图固然有其理据，但他的观点是否正确，或者说是否适应于今日，那就另当别论了……

这是一种底线伦理。无论如何，你和你的辩论对手都是同一个社会的成员，你们会一直共同生活下去，而且他很可能并非纯粹的恶棍或疯子。我们辩论的对象是真人，而不是漫画公仔。世界纷繁复杂，变动不居，任何人都不能完全理解。而我们都有一个共同的目标，那就是把握这个世界。而且，我们都在努力 —— 通过论证和其他手段 —— 让这个世界变好一点，至少在我们看来变好一点。哪怕是对待大吵大嚷、故步自封、落后顽固之人亦是如此。最起码，我们要表现出风度。

当然了，我们同样希望别人对自己有风度，哪怕他们不赞同**我们**，甚至可能觉得**我们**大吵大嚷、故步自封。从纯粹实用的角度看，风度能够"反为己用"，规则46里面已经说过了。我们对其他人有风度，自然也有资格要对方表现出风度。要是你自己都没风度，别人当然也不太可能对你有风度了！

如果感觉别人在蓄意歪曲、丑化你的观点，你有时可能会失去理智。于是，轮到你发言的时候，你可能会觉得用不着跟对方客气了。请记住：对方与你的感觉是相同的。保持风度对大家都好。

另外，你的对手或许——只是或许——并非全错。在这样一个复杂而不确定的世界里，"宏观认识"自然不止一种，许多人的认识**确实**会与你的认识有很大差异。他们可能真的有地方值得我们学习，至少我们应该表现出虚心的态度，这是礼貌。在这种情况下，风度就是诚恳谦逊的一部分。

你觉得其他人都没有风度？我也这么觉得。我们希望别人对自己有风度，但未必总能如愿。不过，还是那句话，有风度的人应该先表现出风度，**先**做出表率。你的风度或许会感染对方，为其他人改变辩论方式做出榜样。无论如何，你这样做都起到了带动作用，改善了社会整体环境，虽然未必能立竿见影。

规则50　给对方留下思考的时间

一个论证哪怕再优秀，也只是辩论的一部分——或许还只是一小部分。辩论之所以要长期延续，是因为它们涉及众多领域，还会引入大量事实和主张，而这些事实和主张本身可能是不确定的、有争议的、相互冲突的，我们能够从中得出各种结论。比如，哲学家探讨幸福问题已经有几千年了。进步当然是有的，但没有哪一种论证做到了"一锤定音"，而且也不应该有。

单个论证会造成影响，但绝少能够造成**全面**影响，哪怕它是完全正确的。单个论证、单个论证者会探讨辩论的某个方面，会修正和改进一些论证，会提出新视角和新想法……它们一直在变化。但是，辩论本身的变化往往是缓慢的，就像海轮转向一样。

要点在于，公共辩论里要有耐心。不管我们在甲板上如何慷慨激昂，言之凿凿，大船转向终究要慢慢来。辩论发生整体转向时，各方面的具体论证都会随之变化。因此，哪怕人们承认自己的部分立场可能有问题，他们也未必会在核心立场上改弦更张。维持原样或许看上去更有道理。他们并非不讲道理,就像你我一样:哪怕有人合情合理地反对**我们**的部分论证(*实话实说,肯定是有的*),我们也可能会固执己见。改变不仅需要时间,往往还需要更有吸引力的整体蓝图。

那么,不管你的论证多么优秀,都不要指望听众会马上赞同你,只要他们能保持开放心态就好。你应该期待的是,对方愿意**考虑**改变立场。而且,如果对方能看到你自己也愿意改变立场,这样成功的可能性才最高。要是逼得太紧,听众可能会进入"论战"模式,态度更加顽固。

当然了,辩论不是参与公共讨论的唯一形式,甚至未必总是最好的一种方式。在某些时候,激情呼吁、个人证词、长篇说教可能会更恰当。而且,我们有时也会受到强有力的诱惑去做出坏论证 —— 有意添油加醋、使用可疑的信息来源等,尤其是对方似乎经常玩阴招的时候。诱惑是有的,我承认。但是,我最后要提出两点忠告:

第一,从长远来看,坏论证会减损好论证 —— 也就是深思熟虑 —— 的整体价值。这对社会是有害无益的。不幸的是,如果对方确实思维混乱,考虑不周,你可能就必须承担起澄清思路的责任。从长远来看,坚持好论证是唯一的取胜之道。

第二,实话说,如果对方真的经常玩阴招,他们很可能也擅长玩阴招：经验丰富、资金充足、罔顾廉耻。你是打不赢他们的。相反，你要发挥你的强项——既然你有本书在手，就可以堂堂正正——这恰好也是正确的选择。

论证就要好好论，尽可能做到开放周全。拿出正面观点。倾听对方观点，尽可能做出回应，与自己的论证联系起来。但是，你也要明白：辩论会持续下去。人生苦短，辩论日长。不管是在公共讨论之内还是之外，除了辩论，我们还有很多有意义的、建设性的事情可以去做。有发言就迟早要下台，接下来让听众自己考虑就好了！

附录一　常见论证谬误

谬误指的是误导性的论证。很多谬误不仅迷惑性强,而且司空见惯,所以人们专门为它们起了名字。它看似是全新的话题,但实际上,我们说一类论证是谬误,意思往往不过是它违背了**正确**论证的某条规则。例如,"错为因果"这种谬误是指因果性结论有问题,你可以从第五章中找到阐释。

下面列举并解释了一些典型的谬误,包括它们常用的拉丁文名称。

人身攻击(ad hominem):攻击作为信息来源人本身,而不是其资质或可信度,也不是实际论证。从第四章你了解到,如果我们认定是权威的某些人其实认识并不深入,或者立场不公正,或者内部存在重大分歧,那么他们就不具备权威资格。但一些攻击权威者的方式是不合理的。

> 卡尔·萨根认为火星上有生命存在,这丝毫不奇怪——毕竟,谁都知道他是个无神论者。我一点都不相

论证是一门学问

　　信他的话。

　　尽管萨根确实参与过有关宗教和科学的公共讨论,但我们没有任何理由认为,他的宗教观影响了他对火星生命的科学判断。我们应该针对论证,而不是针对人。

　　诉诸无知(ad ignorantiam):主张某个命题是正确的,只是因为没有人证明它是错误的。一个经典的例子是参议员约瑟夫·麦卡锡指控某人为共产主义者,当他被要求拿出证据时,他说:

　　我在这方面掌握的信息不多,只是资料中没有任何信息能够证明他与共产党没有联系。

　　当然,也没有任何东西能**证明**这一点。

　　诉诸怜悯(ad misericordiam):诉诸怜悯,以此争取特殊待遇。

　　我知道,这门课我每次考试都挂了,但要是过不了,我就得在夏季学期重修了。老师啊,您可一定得让我过啊!

　　有的时候,同情心是伸出援手的合理理由,但是在需要客观评价的时候,只靠同情心可就不行了。

诉诸群众（ad populum）：诉诸群体情感，或者为了讨好群众而诉诸某个抽象的人（每个人都这么做！）。诉诸群众的论证是错误依靠权威的典型例子。它没有给出任何理由来证明，"每个人"为何是博学多识、值得信赖的信息来源提供者。

肯定后件（affirming the consequent）：指的是下面这种错误的演绎推理形式：

如果 p，那么 q。

q。

因此，p。

还记得吗？在"如果 p，那么 q"这个命题中，p 叫作"前件"，q 叫作"后件"。**肯定前件式**是一种逻辑有效的形式，它的第二个前提（小前提）说的是前件 p 成立（查一查规则 22）。然而，肯定后件 q 就是另一种形式了，而且并非逻辑有效。即便前提正确，也不能保证得出正确的结论。例如：

如果路面结冰，那么邮件就来得晚。

邮件来晚了。

因此，路面结冰了。

尽管路面结冰会导致邮件来得晚，但邮件来得晚还可能有其他原因。上面的论证**忽略了其他可能性**。

乞题（begging the question）：暗中将结论用作前提。

> 上帝是存在的，因为《圣经》中有记载，而我知道《圣经》是正确的，因为它是上帝写的！

这个论证按照"前提—结论"的形式写出来就是：

> 《圣经》是正确的，因为它是上帝写的。
> 《圣经》说上帝是存在的。
> 因此，上帝是存在的。

为了证明《圣经》是正确的，论证者声称上帝写了《圣经》。但显然，如果上帝写了《圣经》，那么上帝就是存在的。因此这个论证恰好把它试图证明的东西当成了先决条件，或者说前提。

循环论证（circular argument），即乞题。

> WARP News节目是可信赖的事实来源，因为节目里老是说"本台只呈现事实"，所以他们说的一定是事实！

在现实生活中，循环论证往往会兜一个大圈子，但归根结底都是把结论代入了前提。

复合问题（complex question）：这种提出问题的方式使人们无论同意还是不同意，都不得不承认你希望证明的另一观点。一个简单的例子："你仍然像过去一样以自我为中心吗？"无论回答"是"或"不是"，你都承认了自己过去以自我为中心。一个复杂些的例子是："你能不能顺从良心，放下财欲，为我们的事业慷慨解囊呢？"如果回答"不能"，那么无论不出钱的真正原因何在，你都会感到愧疚；回答"能"，那么无论出钱的真正原因何在，你都会感到高尚。如果你想让别人捐款，直接开口要就行了。

否定前件（denying the antecedent）：指的是下面这种错误的演绎推理形式——

> 如果 p，那么 q。
> 非 p。
> 因此，非 q。

还记得吗？在"如果 p，那么 q"这个命题中，p 叫作"前件"，q 叫作"后件"。**否定后件式**是一种逻辑有效的形式，它的第二个前提（小前提）说的是后件 q 不成立（查一查规则 23）。然而，否定前

件 p 就是另一种形式了,而且并非逻辑有效。即便前提正确,也不能保证得出正确的结论。例如:

> 如果路面结冰,那么邮件就来得晚。
> 路面没有结冰。
> 因此,邮件没有来晚。

尽管路面结冰会导致邮件来得晚,但邮件来得晚还可能有其他原因。这种论证**忽略了其他可能性**。

偷换概念(equivocation):在论证的过程中先用一个词的某个意思,之后又改用这个词的另一个意思。

> 女性和男性在生理和心理上存在差别。所以男女两性是不平等的,因此法律不应该声称男女平等。

前提和结论中的"平等"意义不同。说男女生理和心理上不平等,这里的"平等"是"相同"的意思。然而,法律面前的平等并不是指"生理和心理上相同",而是指"应该拥有相同的权利和机会"。如果把"平等"一词的两个不同含义明确区分开,上述论证就可以改写成:

女性和男性在生理和心理上是不相同的,因此女性和男性不应该拥有相同的权利和机会。

一旦去掉了模棱两可的地方,我们就能明显发现,该论证的结论不但得不到前提的支持,甚至根本与前提无关。论证中没有给出任何理由证明,生理和心理上的差异为何意味着权利和机会也应该不同。

错为因果(false cause):因果性结论有误的论证的统称。具体参见第五章。

假二难推理(false dilemma):将两个往往完全对立的选项不公正地摆到别人面前,而排除其他一切选项。例如,"要么爱国,要么出国"。一篇学生论文中有一个更复杂的例子:"由于宇宙不可能由无生有,所以它一定是由一个有智慧的生命创造出来的……"好吧,也许说得没错,但除了由无生有,宇宙由智慧生命创造出来是**唯一**的可能吗?这个论证**忽略了其他可能性**。

道德争论似乎特别容易陷入假二难推理。我们说,胎儿要么是一个人,拥有你我的一切权利,要么是一团没有任何道德含义的组织器官;要么使用任何动物制品都是错误的,要么现在的所有使用方式都是可以接受的。实际上,其他可能性一般都是存在的。尝试寻找更多值得考虑的选择,而不是排除它们!

诱导性语言（loaded language）：以煽情为主的语言。事实上，这种语言根本就不算是论证，而只是操纵（参见规则 5）。

复述结论（mere redescription）：前提仅仅是把结论换了一种说法，而不是给出具体的、独立的理据。（宽泛来说，**复述结论**可以算作**乞题**的一种形式。但是在这种情况下，前提和结论区别实在太小，连前提预设结论都说不上。将复述作为单独的一种谬误比较好）

列奥：马里索尔是一名优秀的建筑师。
赖拉：你为什么这样说？
列奥：马里索尔擅长设计建筑。

"是一名优秀的建筑师"和"擅长设计建筑"基本上是一个意思，列奥并没有为先前的论断提出具体的证据，而只是**复述**了一遍。真正意义上的证据包括专业资质、优秀设计成果等。

莫里哀的话剧《没病找病》中对"复述结论"的讽刺可谓经典。剧中有个一本正经的医生，他在解释某种药物为何能帮人们入睡的时候说，它有"催眠功效"。听上去很有道理，很科学吧——其实"催眠功效"的意思就是它能帮人们入睡，丝毫没有解释机理。看上去医生在解释，实际上在剧中只是用拉丁语复述了一遍。简单吧

(Ig-Bay eal-Day[1])。

不当结论(non sequitur):得出"无从得出的"结论,也就是说,从证据中无法合理推断出的结论,甚至是与证据无关的结论。这个词是不良论证的统称,应当具体考察错误的缘由。

以偏概全(overgeneralizing):根据过少的例证进行概括。仅仅因为跟你要好的同学都是运动员、都学商科、都是素食主义者,并不能推断出你的**所有**同学都是如此(想想规则 7 和规则 8)。大样本也未必能得出正确的概括,除非可以证明它具有代表性。要谨慎!

忽略其他可能性(overlooking alternatives):忘记了事件发生的原因可能多种多样,而不止一个。例如,规则 19 指出,只因为事件 E_1 和 E_2 可能有关联,并不能得出 E_1 导致 E_2 的结论。也可能是 E_2 导致 E_1;或者其他某事**同时**导致了 E_1 和 E_2;或者 E_1 导致了 E_2,**反过来** E_2 又导致了 E_1;或者 E_1、E_2 之间干脆没有关系。假二难推理是另一个例子:通常可能性远远不止两个!

劝导性定义(persuasive definition):给某个词语下一个看似简明,实则具有劝导性的定义。例如,有人可能把"进化"定义为

---

[1] 译者注:属于儿童黑话,英文叫 pig Latin,直译为"猪猡拉丁语",只是在英语上加一点规则使发音改变而已。此句即 It is easy nay,意思是"简单吧"。

"一种无神论观点,认为在假定的数十亿年时间里,各个物种在纯粹偶然事件的作用下不断发展变化"。劝导性定义也可能暗含褒义:例如,有人可能把"保守主义者"定义为"对人类的限度有着现实认识的人"。

扣帽子(poisoning the well):在论证展开前就用诱导性语言加以诋毁。

我深信,你们还没有上那些顽固分子的当,他们到现在仍然执迷不悟地认为……

一个更加不容易发现的例子:

没有一个敏感的人会认为……

错置因果(post hoc, ergo propter hoc):仅仅因为时间上前后相继便草率地断定存在因果关系。这也是一个统称,具体参见第五章里谈到的问题。反思一下,其他因果解释是不是更加合理。

扯开话题(red herring):引入一个不相关的、次要的话题,从而将注意力从主要话题上移开。这种方法通常会扯到容易让人们情绪激动的话题上,免得引起注意。例如,在讨论不同品牌汽车的相对安全程度时，插入汽车是否在美国制造就属于扯开话题。

稻草人谬误（straw man）：歪曲地描述对立的观点，夸大本来每个人都可能会相信的看法，这样反驳起来就简单多了（**参见规则 5**）。

附录二　定义

在有些论证中，词义需要特别重视。有时我们可能不知道一个词语的既有含义，或者需要具体形容。如果你要论证的结论是"鱼貂（wejack）是食草动物"，那么，除非你是在和一名阿尔冈昆生态学家讲话，否则你的头一个任务就是解释词义[1]。如果你在其他地方碰到了这个结论，那么你首先需要一本词典。

在其他一些情况下，用的词虽然很常见，但词义依然不明确。例如，我们在讨论"辅助性自杀"这个话题时，并不一定理解它的确切含义。在围绕它进行有效的论证之前，我们需要对论证**对象**有统一的认识。

当对一个词语的含义有争议时，我们也需要给出定义。例如，什么是"毒品"？酒精是毒品吗？烟草呢？如果它们是毒品，怎么办？我们能否从逻辑上回答这些问题？

---

[1] 原注：鱼貂是阿尔冈昆人对北美洲东部一种形似臭鼬的动物的称呼。实际上，鱼貂不是食草动物。

附录二　定义

当词语含义不明确时，使之明确

我的一个邻居被本市历史街区委员会训斥了一番，因为她在庭前放置了一个四脚灯塔模型。市政府规定，历史街区内的庭院里禁止防止任何"固定装置"。我的邻居被传唤到委员会，他们勒令她将灯塔模型拆除，她大发雷霆。这件事登上了报纸。

然而，一本词典带来了转机。在《韦氏词典》中，"固定装置"是指固定或附着在其他物体（*如房屋*）上的东西，例如房屋固定附着物，或者结构件。然而，这个灯塔模型是可移动的，像草坪上的装饰品一样。既然法律没有具体给出其他定义，那么灯塔模型就不是"固定装置"，因此它不应被拆除。

问题越繁难，词典的用途就越小。一方面，词典往往是通过同义词来下定义，而这些同义词可能跟你要解释的词语同样不明确。另外，词典也可能给出多个义项，你不得不从中选择。还有的时候，词典根本就是错误的。

在上一个故事中，《韦氏词典》或许起了很大作用，但它给"头疼"下的定义是"头部疼痛"——太宽泛了。前额或鼻子被蜜蜂蛰了一下或者被刀割伤，也会造成头部疼痛，但那不是头痛。

于是，对于某些词语，你需要进一步阐明词义。措辞要具体明确，不能模糊（*规则 4*）。具体，但也不能太狭隘。

论证是一门学问

> 有机食品是不施化肥或农药生产出来的食品。

这样的定义能使人形成明确的概念，可以进一步调查和评估。当然，论证过程中要**确保**定义前后一致（不要模棱两可）。

词典的一个好处是中立性。例如，《韦氏词典》将"堕胎"定义为"强行将哺乳动物的未成熟胎儿从体内取出"。这是一个恰到好处的、不偏不倚的定义。我们不能靠词典来决定堕胎是否道德。对比一下堕胎争论中一方常用的定义：

> "堕胎"意味着"谋杀婴儿"。

这种定义有诱导性。胎儿与婴儿不一样，"谋杀"这个词不公正地把邪恶之念强加给善意之人（无论下这个定义的人认为他们犯了多么大的错误）。结束胎儿的生命与结束婴儿的生命相似这个命题值得商榷，但论证旨在**证实**结论，而非靠定义来**假定**观点。（参见规则 5 和附录一"谬误"里面的"劝导性定义"）

你可能需要做一些调查。例如，你会发现，"辅助性自杀"的意思是允许医生帮助有意识、有理性的人安排和执行自身的死亡过程。这不包括允许医生在未经病人同意的情况下为病人"拔掉医疗器械的电源插头"（那是"非自愿安乐死"——不是一码事）。人们可能有很好的理由反对如此定义的辅助性自杀,但如果从一开始就明确了定义,至少可以保证争论各方谈论的是同一件事。

有时我们可以把一个词语定义为一套测试或程序,旨在判断一种情况是否符合该词。这就是**可操作定义**。例如,威斯康星州立法规定所有立法会议都要向公众开放。但就这条法律的目的而言,究竟什么算是"会议"呢?这条法律给出了一条非常到位的标准:

> 如果有足够数量的立法议员聚集在一起,反对集会讨论之法案通过实施,那么任何这样的集会都是"会议"。

这是一个很狭隘的定义,不能涵盖日常用法里的所有"会议"。但它确实达到了这条法律的目的:防止立法者在没有公众监督的情况下做出重大决定。

当词义存在争议时,先从明显的例子着手

有时候一个词语的含义**存在争议**。也就是说,人们对这个词语的具体适用范围有不同意见。这种情况下,单纯明确词义是远远不够的,需要一种更为复杂的论证。

当一个词语的含义存在争议时,你可以区分出三个相关的范畴。

第一个范畴包括这个词语明显适用的事物。第二个范畴包括这个词明显**不**适用的事物。在两者之间是地位不明确的事物——也就包括存在争议的地方。你的任务是给出一个定义，使之能够：

1. **包括**这个词语显然适用的一切事物；
2. **排除**这个词语显然不适用的一切事物；
3. 在两者之间划定一条尽**可能清楚的界限**，并**解释**为何定于此处，而非他处。

考虑一下，"鸟"怎么去定义。是啊，究竟什么是鸟呢？蝙蝠是鸟吗？

为了符合第一个要求，可以先从它属于哪一个大类（**种属**）出发。对于鸟来说，自然的种属就是"动物"。为了符合第二个和第三个要求，我们需要具体说明，鸟如何有别于其他动物（**种差**）。所以我们的问题是，与其他动物相比，鸟类——**所有**鸟，而且**只有**鸟类——具有哪些特征？

这个问题看起来简单，实则不然。例如，我们不能把界限划定在飞行上，因为鸵鸟和企鹅不会飞（所以这个定义不能涵盖所有鸟，违背了第一个要求），而黄蜂和蚊子却可以飞（所以这个定义纳入了非鸟类的动物，违背了第二个要求）。

结果，所有鸟都具有，且只有鸟类具有的特征是拥有羽毛。企鹅和鸵鸟有羽毛，尽管它们不会飞，但仍然是鸟类。但会飞的昆虫不是，蝙蝠也不是。

现在请思考一个更难的问题："毒品"的定义是什么？

还是先从明显的例子着手。海洛因、可卡因和大麻显然是毒品。空气、水、大多数食品和洗发剂**不是**毒品——尽管它们与毒品一样，也是"物质"，并且都被我们吸入体内或涂抹在身体表面。不那么明确的例子包括烟草和酒精。

那么，我们的问题是，有没有任何概括性描述能**涵盖所有明显是毒品**的例子，**不涵盖任何明显不是毒品**的例子，而且在两者之间划定一条明显的界限？

有人——甚至包括一个总统委员会——已经对毒品下过定义，即以某种方式影响大脑或身体的物质。但这个定义太过宽泛。空气、水、食品等都符合这个定义，所以它没有满足第二个要求。

我们也不能把毒品定义为以某种方式影响大脑或身体的**非法**物质。这个定义可能涵盖了所有毒品，但它没有满足第三个要求。它没有解释，为什么这条线要划在这个地方。毕竟，定义"毒品"的最初目的很可能就是为了决定哪些物质**应该**合法，哪些不应该！把毒品定义为非法物质等于绕开了定义这一步。（*严格地说，它犯了乞题的谬误*）

论证是一门学问

试试这样来论证：

"毒品"是一种能够以某种具体的方式影响大脑和身体，并以此为主要用途的物质。

海洛因、可卡因和大麻显然都可列入此类。食品、空气和水不能——因为尽管它们能影响大脑，但这种影响不是具体的，也不是我们吃东西、呼吸和喝水的主要原因。下面来看不那么明确的例子：**主要**影响是**具体的**吗，是对**大脑**的影响吗？使人产生错觉，并使情绪发生变化似乎的确是当前关于毒品的道德争论的主要焦点，所以，我们可以说这个定义找到了人们真正想要的那种区分。

我们应该加上毒品使人上瘾这一条吗？或许不应该加。有些物质使人上瘾，但不是毒品——比如某些食品。如果某种物质"以某种具体的方式影响我们的大脑"但**没有**成瘾性怎么办（*例如，有人声称大麻就是这样*）？那么它就不是毒品了吗？或许成瘾性可以定义"吸毒**成瘾**"，但不能定义"毒品"。

定义不能代替论证

定义能够帮助我们组织思想，将相似的事物归类，发现主要的

附录二 定义

相似点和差异点。有时人们甚至会发现，在清楚地定义词语之后，他们在某个问题上实际不存在任何分歧。

然而，单凭定义本身很少能够解决疑难问题。例如，我们之所以要定义"毒品"，部分原因是要确定对特定的物质采取何种立场。但这样一种定义无法回答问题本身。根据这个提出的定义，咖啡也是毒品。咖啡因当然能以某种具体的方式影响大脑。它甚至能使人上瘾。但我们能因此认为咖啡应该被禁止吗？不能，因为对于很多人来说，这种影响是轻微的，社会效果是积极的。在我们得出任何结论之前，有必要权衡利弊。

按照这个提出的定义，大麻是一种毒品。**它**应该（继续）被禁止吗？就像咖啡一样，我们有必要做进一步论证。有人声称，大麻同样只有轻微的影响和积极的社会效果。假设他们是正确的，你就可以论证大麻不应该被禁止，即使它（像咖啡一样）是一种毒品。其他人认为，大麻的影响要恶劣得多，并常常"诱使"人吸食其他毒性更强的毒品。如果他们是正确的，那么无论大麻是不是毒品，你都可以主张禁止它。

或者，也许大麻与某些抗抑郁药和兴奋剂非常接近——这些（*处方*）药按照我们提出的定义也属于毒品，但我们不需要禁止它们，而是应该**管控**。

同时，按照我们给出的定义，酒精也是毒品。实际上，它是所有毒品中使用最广泛的一种。它的危害是巨大的，包括肾病、婴儿先天缺陷、半数的交通死亡事故等。应该限制或禁止酒精吗？或许应该，虽然对立的论证也存在。然而，仅仅断定酒精是毒品同样无法解决问题。这里考虑的重点是酒精的**影响**。

一言以蔽之，定义有利于明晰问题，但大部分情况下，定义本身并非论证。你应该做到用词明晰，这样别人才知道你问的是什么问题，但不要觉得明晰问题就等于回答问题。